国际时装设计经典系列丛书

# The Complete Fashion Sketchbook

# 国际时装设计元素

## 设计与调研

（英）马丁·道伯尔 著

赵 萌 译

東華大學出版社

·上海·

图书在版编目（CIP）数据

国际时装设计元素——设计与调研/（英）道伯尔著；赵萌译.—上海：东华大学出版社，2016.1

ISBN 978-7-5669-0939-8

Ⅰ.①国…Ⅱ.①道… ②赵… Ⅲ.①时装—服装设计Ⅳ.①TS941.2

中国版本图书馆CIP数据核字（2015）第256236号



First published in Great Britain in 2013 by Batsford,
An imprint of Pavilion Books Group, 10 Southcombe Street, London, W14 0RA



合同登记号：09-2014-553

责任编辑：谢 未

装帧设计：王 丽 鲁晓贝

国际时装设计元素——设计与调研

Guoji Shizhuang Sheji Yuansu—Sheji yu Diaoyan

著　　者：（英）马丁·道伯尔

译　　者：赵 萌

出　　版：东华大学出版社

（上海市延安西路1882号　邮政编码：200051）

出版社网址：http://www.dhupress.net

天猫旗舰店：http://dhdx.tmall.com

营销中心：021-62193056　62373056　62379558

印　　刷：深圳市彩之欣印刷有限公司

开　　本：889 mm×1194 mm　1/12

印　　张：16

字　　数：493千字

版　　次：2016年1月第1版

印　　次：2016年1月第1次印刷

书　　号：ISBN 978-7-5669-0939-8/TS·660

定　　价：88.00元

the bones of belief.
"on the beautiful dead we rest"
sheer
design

**上图**

朱利安 · 浦罗（Jousianne Propp，2012）

“技术表演者”，2012研究生毕业设计

# 目录

## 第四章 设计方向：何人、何地、何时？/140



## 第五章 设计开发：开启你的创意“阀门”/164

# 前言 Introduction

1987年，我在赫特福德大学艺术设计学院（Hertfordshire College of Art and Design）学习基础课程时，第一次接触到制作速写本这样的设计方法。在此之前，我从来没有觉得速写本可以有其他的用处——也可能是我从没有听说过。此前我从不像一个孩子那样被鼓励而随便乱画。速写本设计法对我来说是全新的，并且我当时不知道它是那么重要，甚至会影响到我的余生。

我的基础课程老师总是要求我必须制作一本速写本——可以记录自己想法的形成过程，并且有一个地方可以将任何东西记录下来。当时我们都年轻，18岁，不知道自己真正要做什么。我那时没有一直保持制作速写本的习惯。不只是我自己，我的很多同学都没有做到这一点。我们都“背叛”了老师，我们只是想做大型的绘画和雕塑作品。

在基础课程结束的时候，老师要求我们展示自己的成果。每一个学生都有自己的展台去展示完成的艺术品、组合作品、草图和照片。老师还要求我们展示在过去的这一年里他要求我们做的10～12本速写本。

当时我真是想骂一句脏话！我只有半本完成的速写本！于是，为了完成老师的要求，我开始了我的学生生活中最强烈的体验之一：制作速写本。我在速写本中加入了油漆、灰尘、胶水、报纸、种子、鱼头、脚印、土豆版画、照片、版画，甚至是玩偶的头。我用我的左手来画，也用我的右手来画。我画呀画，终于在一个星期后我完成了全部的12本速写本，12本速写本都是满满的，连接处都破损了。在这些速写本中我将所有相关的任何想法都加入进去——包括适合的以及其他的。

但在制作这12本速写本过程中奇迹发生了，我意识到了速写本的重要性，体会到了速写本在记录我的设计过程中是如此意义重大。

今天，20多年过去了，我总是同时制作着5～6个速写本。它们一直伴随着我——我去哪里，它们就去哪里。我旅行的时候绘制了许多内容，尤其是在我乘飞机去旅行的时候。当我翱翔在天空时最有想象力。为Duckie Brown品牌设计的很多系列都开始于上午8点从纽约飞往伦敦的航班上。

Duckie Brown每个季节的设计最早都构思在Moleskine牌子的平滑纸面上——这个牌子的本子很方便携带，我可以带着它们去任何地方。

在过去的11年里我设计了22个系列，每个系列都以速写本上的文字记录开始着手。文字记录是我设计过程中很重要的部分，当然这样的写作可不是在学校里进行的练习。我不是一个作家，写作也不是我的强项。我先将词汇写下来，这些词汇表达了我在想象空间中所见的事物。我将我对这个系列的想法写下来。每个系列总是基于我们的生活以及那一刻我们周围的事物。因此，有了词汇，我的想法便由此产生，接下来便有了草图初稿，整个系列开始成形。初稿通常都不理想，但我知道，这也无关紧要，因为速写本只为一个人而作，那就是我。我很少将我的速写本给其他人看。

随着草图的深入，它们变得更加具体，最终形成整个系列的面貌。这一切并不是神奇地出现的，在我找到合适的设计点之前，大概要绘制10张或20张甚至100张草图，这时候我知道我感觉对路了，并且可以预见到整个系列的走向。我一鼓作气，视野清晰，快速而放松地进行速写。随后我将速写本中最好的草图放大，用铅笔将它们拷贝到Bienfang牌马克笔专用速写本上，绘制服装效果图完稿。

完稿后，将它们贴在墙上，让我们对这个设计系列需要做的事情进行总览。我的速写稿的完成就像一场秀，只不过是以速写的形式进行的。与此同时，采购面料，到货后将它们贴在速写稿上，以作比对。最近一段时间，我也在速写本上进行拼裱黏贴，将面料置于草图上，使它们的外观更加完整。

每个人都必须找到适合自己表达的速写本制作方法，非常具有个性化特征。没有人可以告诉你该怎么做，你必须通过自己去发现，去寻找。但是当你找到了——你就会觉得自己拥有了魔法。

**史蒂芬·考克斯（Steven Cox）**

**2012年于纽约**

**下图**

罗莎·恩吉（Rosa Ng，2011）

# 介绍 Introduction

## 设计师 + 速写本 = BFF（永远最好的朋友）

“我的速写本见证了我的经历，无论何时发生什么事情，它都记录了下来。”——梵高（1853-1890）

在一个智能手机和ipad盛行的时代，时装创意人士仍坚持使用实体的日记本或速写本来表达他们的想法和观点似乎有些不合常理，就如同其他人都已经使用十进制货币的时候，你还在继续使用镑、先令和便士。然而对于大多数人来说，如果来做一个建筑着火的试验，他们将会不惜一切代价来拯救这些东西。为什么？在这样一个通过手指就可以阅读到任何信息的时代，是什么使这些数字时代之前的陈旧之物如此宝贵？

> “我的速写本见证了我的经历，无论何时发生什么事情，它都记录了下来。”
> ——梵高（1853–1890）

表面上看，这些速写本就像是毫无关联、杂乱无章的视觉DNA即将发生爆炸——可以毫不夸张地说——突破速写本实际的边缘界限。速写本有一成不变的外观。它们可以是便携式的小开本，也是A2开本的笨重尺寸。它们可以是预先购买的或者是自己制作而成。一些设计师喜欢在单张页面上工作，之后将这些纸张装订起来。其他人可能认为“速写本”这个名字并不恰当，因为所包含的内容远远超出了传统意义上速写本的定义——主要是速写和手稿。事实上，速写本还有其他一些称谓：记事本、图形日记、记录册、手册、设计日记、创意流程日志、笔记本、剪贴簿和思想记录本。速写本外观的多样性和名称的多样化都表明了其极具个性化的特质和特征。

初次看速写本内容的时候，你会感觉像在看一个人的手相，需要一位算命先生来解释一下。通常情况下每个设计师都会根据他或她自己独特的个性语言，使用自己特有的词汇，更加感性。但是，对于时装速写本而言，不能依据它的封面来判断其内容。尽管速写本最初给人以繁杂的印象，但是它们却能以图像的形式，精确而充分地表达每个设计师的思维和意图。设计师可以在速写本中整理信息，这些信息为最终完成设计任务，获得令人兴奋和具有创意的结果指明方向。将一层又一层通常被设计师认为只有潜在价值的各种微小信息一丝不苟地整合起来，不一定要遵循严格的目标模式，尽管每一页都很重要，但它们不一定要按照任何先后顺序。允许任何方式的自我放纵行为，这在其他地方也许是不允许的。速写本是一个允许错误产生并且也应

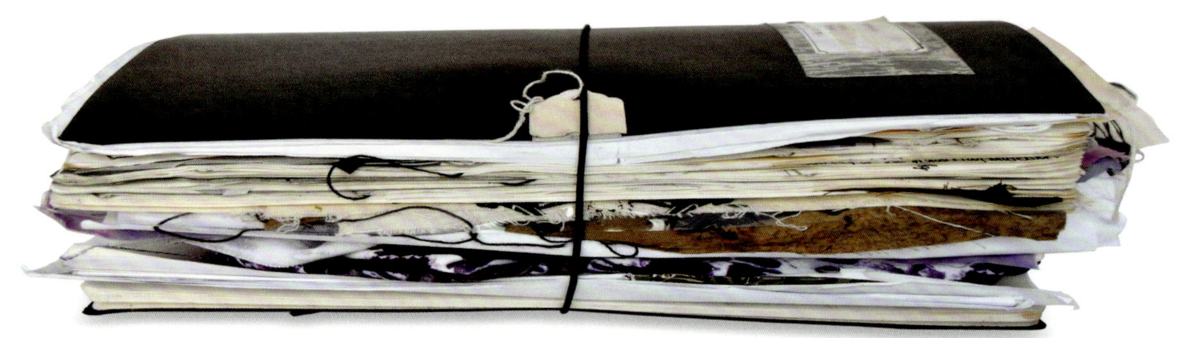

**左图**
杰德·伊丽莎白·汉南（Jade Elizabeth Hannam，2012）

**右页图**
汉娜·多德（Hannah Dowds，2010-2012）

neck with opens.
shaped sleeves.
feathers
d shapes.
GREY
Beryl Grey, a dancer with an easy classical tec
magnificent line and great warmth. She made her
a première danseuse during the war when, at a ve
age she was entrusted with many leading roles bot
classical and modern repertoires. Her height, unus
undoubted handicap, especi
Loewe
Jaeger London
valentino
Jaeger
Zacposen
fox is snugly curled in an ou
over Matter (2006), a small
of Venison in London is feat
"Mythologies," on view from

该存在的地方。需要对它们不断地更新，利用新获得的材料来保证它的新颖度。速写本可以帮助设计师去挖掘利用他们个人缓存的视觉信息，不需要担心最终成果必须得多漂亮，可以在速写本上进行尝试和试验，找到一个表达想法的最佳方式。本书将会帮助所有有抱负的时装创意者们去享受探索制作自己的时装速写本的各种方法和技术。书中将列举整合设计概念、解决问题的令人兴奋的方法，但不会提供所有的答案——这取决于你，读者——但它会告诉你如何用创造性的方法来识别、获取和编撰你的时装设计调研内容。这会提高你的创造力和想象力，使你可以在一本极具视觉冲击力和原创性的速写本中展现你所调研的内容。本书并不是一个模板，不一定要模仿——速写本应该要表现出你自己的个性和独特性。本书会让你踏上一条独一无二的个人发现之旅。你会从中学到所有必要的知识，使你在制作速写本的时候可以面对挑战，可以增强你的才华和自信。这是需要付出的，但每个人的收获，如何要看你们自己各自的付出。

时装设计速写本注重的是设计过程而非最终产品。完全关注于设计主题的探索和参与，并遵循一定的调研程序。时装设计速写本为我们提供了一个完美的媒介，去深入设计过程，而不必担心使用它作为最终设计的终点。我们不一定会依据速写本对设计师做出评价，但是速写本在确定设计基调方面发挥着至关重要的作用。

在剖析古往今来的艺术家和设计师的工作方法方面，速写本为我们提供了非常宝贵的资料。就像在阅读他们一直珍藏的私人日记，这种保护使他们的设计秘密更具有吸引力。这个此前被锁起来的私密世界凭借其自身的魅力已经获得越来越多的认可。这个曾经被束缚的幕后世界得到开放，使得速写本呈现在了人们的面前。越来越多的艺术画廊和博物馆在他们的展览中使用速写本，有的甚至将速写本装裱起来，仅作为展览之用途。

纽约布鲁克林艺术图书馆长期将当代艺术家的速写本存档，作为一个独特的收藏品进行收集，美国纽约现代艺术博物馆的绘画展区中藏有大量过去和现代艺术家的珍稀速写本。美国现实主义画家，欧文·格林伯格（Irwin Greenberg，1922－2009）曾经评价过：“一位艺术家是一本具有个人主义的速写本。”

定期举行会议，专题讨论速写本，如“隐私权的时代已经过去了”（英国林肯艺术和设计学院组织）以及“准备、布置、速写”研讨会（葡萄牙里斯本大学艺术学院教职工组织），这些活动都受到国际社会的赞助与关注。在英国，“拉布莱艺术项目”专门为艺术家的速写本设立了国家奖项。

历史上最有价值的艺术家的速写本是达·芬奇（Leonardo da Vinci，1452-1519）死后留下的笔记本。后来被出售。在1630年，又由旁派莱尼（Pompeo Leoni，1533－1608）根

**上左图**

罗莎·恩吉（Rosa Ng，2011）

**上右图**

朱奎恩（Quinn Zhu，2012）

时装设计速写本要有自己的设计语言，在传递信息的时候，这种语言完全是个性化的。

**左页上图**

洪珍妮（Jenny Hong，2012）

**左页下图**

亚历山大·兰波（Alexander Lamb，2012）

写生的价值在于：一方面通过绘制着装人体来获得信心；另一方面，这是一种记录服装款式的有效方法，以供后续参考。

据主题将笔记本一页一页地重新组装起来作为抄本。他们采用了非常有名的左手镜像法来抄录，这样可以保密，并保护了原版。1994年微软公司的创始人比尔·盖茨（Bill Gates，1955-）购买了72页达芬奇的笔记本手抄版，内容包括达芬奇在天文学上的理论，价值3080万美元。他现在所拥有的这本抄本是世界上最有价值的二手手稿。

和所有的创意行业一样，时装设计速写本被公认为是信息资源的基本存储器，同时也可以用来试验创意的可行性。但是，不同于一些技术方面的蓝图，对于时装设计速写本，设计过程的开始并不意味着速写本的使用就结束了，它会不断更新，就像一个持续性的视觉日记来记录设计的进展，以及设计师的开发过程。时装设计速写本的产生既没有具体的规则，也没有任何灵丹妙药，在一个有60名学生的班级里，有多少学生就有多少种不同的方式去整理信息，但在收集信息以及将他们表达出来以得出有意义的结论方面，必然会有共同的特征存在。

一本好的速写本应该是充满着视觉意象（不管是直接的还是间接的），同时能够证明设计师具有激情和富有创造性的想象力。至关重要的是速写本展示了设计师的创意开发能力和在整个设计过程中运用调查研究和评价的能力。美国艺术家罗伯特·马瑟韦尔（Robert Motherwell，1915-1991）曾说过："对于我来说，速写本更像是一个秘密和完全自然流露的'诙谐的文字'，我喜欢它们就像我喜欢曾做过的任何事情一样。"

所以，你从何开始呢？这个速写本可能要支撑你已经定下的或者客户要求的特殊任务。它也可能是亲自检验一些新的创意和理念的机会，比如看到一座古老的大教堂，你可能会获得关于造型和廓型的设计灵感；或者当你看到海洋上的落日，可能会让你获得一个富有新意的色彩故事。每开始一个设计任务，设计过程的第一步都是不尽相同的。你需要将所有的事实收集在速写本中，但是根据你的灵感，先后顺序也会有所差异。

# 第一章

## 调研：研究的范畴 Research: areas to investigate

"如果你只是借鉴了一个作者的作品，这是剽窃；如果你是借鉴了许多作者的作品，这是调研。"

——威尔逊·米茨纳（Wilson Mizner，1876–1933）

"调研"这个词通常意味着科学事实和价值。并且，调研通常需要经过一段很长的时间，而且在这个过程中需要不断地测试再测试，一直到符合目标。那么，时装设计师如何运用调研来服务于他或她的设计？尤其是当他们并不会处理事实，而只是简单地将创意作为他们调研的渠道，或者是津津乐道地将未知和不可想象的东西作为他们设计的成果的时候。他们经常会争分夺秒地赶进度，有时候甚至要在几乎不可能完成的期限内完成任务。那么如何能称之为"调研"呢？

实际上很简单——对于设计师而言，调研依赖于直觉、创造力和想象力。

所有设计师与生俱来都有一种好奇心：他们对生活充满好奇，渴望获取信息，只有通过调研才能得到满足。调研永远是任何设计过程的生命线。在项目之初调研不充分势必会造成后续没有足够的养分滋养你的想象力。你需要广泛撒网，来获取大量有用的信息和想法。大多数设计师通常记录下他们需要了解的环境，如果需要，可以借鉴合适的参考素材。不要像一个狂热的集邮爱好者一样只是收集信息——信息收集量也要适合你调研的目的。

通过设计过程来维持一个项目需要大量的智力、耐力和创造力，这些因素又反过来依赖于持续不断的设计数据，这些数据可以根据需要进行解读与分析。前期获取和存储的参考数据越多，你开始调研的时候准备就越充分。

表面的挖掘固然有用，但你也需要更加深入地挖掘新的和未知的信息。信息财富越丰富，你的眼界就能得到更好的拓展，引领你去做出富有新意和原创的设计。总之，最重要的是在你的速写本中表达出你对这个主题的热情。

在设计界，时装产业有一个独特的声誉，即不耻于自给自足的能力，这点似乎还备受赞赏——每次新的发布会，没有秀场中最新流行趋势的重新创造带来的滴漏效应，快时尚的零售在何处立足？相反，街头时尚却适应于沸腾效应，作为一种可识别的流行趋势产生影响，通常通过媒体的曝光，随后"一举进军"高级时装设计领域。

**上图**

茱莉·坎贝尔（Julie Campbell，2011）

调研始终应该是对你感兴趣的领域进行的个人研究，这样你才能获得必要的参考资料，以此彰显你作为时装设计师的个性。

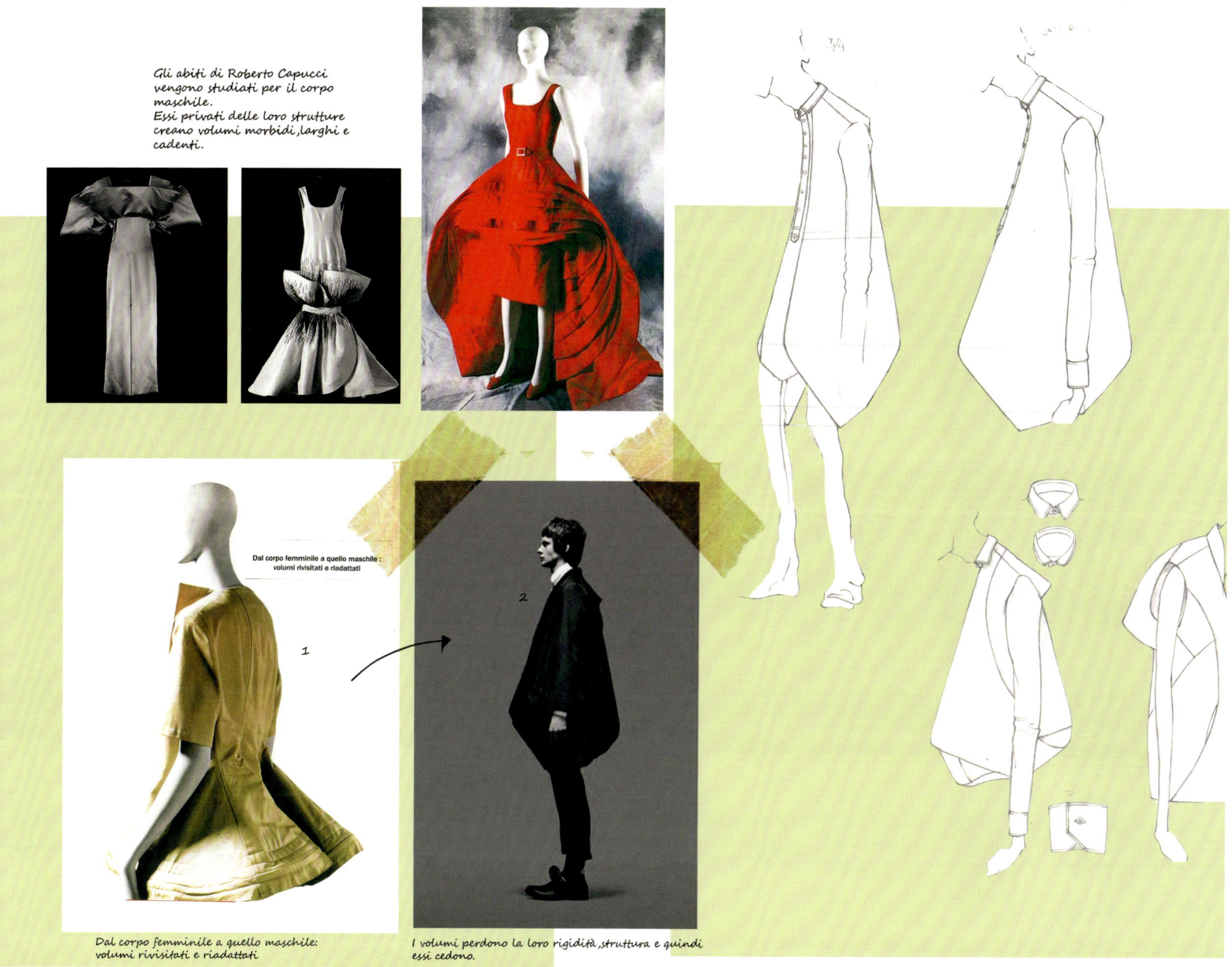

Gli abiti di Roberto Capucci
vengono studiati per il corpo
maschile.
Essi privati delle loro strutture
creano volumi morbidi,larghi e
cadenti.
Dal corpo femminile a quello maschile:
volumi rivisitati e riadattati
1
2
Dal corpo femminile a quello maschile:
volumi rivisitati e riadattati
I volumi perdono la loro rigidità,struttura e quindi
essi cedono.


虽然在时装行业中存在商标保护，但很少涉及知识产权的保护（除非是针对哪个具体面料的产权保护，但这些面料通常不是时装设计师开发的），因为服装（以及食品和家具）从本质上讲具有很强的实用性，不符合知识产权保护的标准。由于服装实体（领子、袖子等）缺乏版权和专利权保护，这就要求设计师们在技术结构之外的地方寻找流行趋势的方向和灵感。

**上图**

菲洛帝娜·卡瓦拉罗（Filomena Cavallaro，2011）

纵观21世纪之前的设计师们，视角是一种丰富你的知识和拓展你自己的时装设计理念的方法。法国作家马塞尔·普鲁斯特（Marcel Proust，1871–1922）曾说过：“真正有所发现之旅不在于寻找新的风景，而在于拥有新的眼光。”

那么，你从何开始？

大多数情况下，你需要解决某个问题。这有可能是导师作为课堂作业布置的一个设计任务，也有可能是有具体要求的竞赛简介。在时装行业，最常见的设计任务是设计下一个服装发布系列。

通常你会有详细的目标，而且调研是实现目标的第一步。不要陷入对答案思考得太浅显的陷阱。稍稍退后几步，离开你要研究的内容，这样可以让你用新的眼光来重新审视它，并且可以打开你的思路。要将自己置于瞭望台上，寻找达成目标的其他途径，不要被你最先发现的东西迷惑。尝试用非常规的方式来获得你想要的信息。保持好奇心，冒险精神是创作过程中非常重要的因素。记住，容易被找到的信息通常是早已被人发现并使用过的。

时装总是让人琢磨不透，并且也不能单纯地孤立它。其内在的多层结构和不断变化的“性情”近乎于神秘。所以速写本在时装设计师的工具中才显得必不可少，成为一种催化剂。这是你所有发现的储存库，通过引领你的想象力实现未来的设计开发过程，它让你的想法更加清晰、明朗。

当你开始设计的时候，有几个基本点需要铭记在心，即我们所熟知的“设计原则与要素”，这些因素决定了任何设计结果的美学价值及成功与否。它们支撑了传统理念中最理想的设计，是整个设计领域的基础，代表着设计公理与真理。一个好的设计，即便不能体现所有的这些要素，但是都应具备绝大部分的设计原则与要素，一个糟糕的设计同样如此。根据不同的专业设计领域，将它们归类并遵循。在时装设计领域，有四个基本设计要素：造型和形式、线条、色彩、肌理。同时，时装设计师还需要考虑五个基本的设计原则：比例和尺寸、均衡、统一、节奏、重点。

对于一个认真的时装设计师来说，知道什么是好的设计显然非常重要，即使最终他们是有意识地去挑战传统。规定被打破的前提是你知道规定的内容是什么。

为完成你的时装设计速写本，下面的几个内容是进行任何时装设计调研之初的基本要素。

**1. 色彩**

**2. 廓型**

**3. 线条和平衡**

**4. 造型、形式和肌理**

**左图**

玛特奥·布桑纳（Matteo Busanna，2011）

巴宝丽（Burberry）设计项目

在调研中尝试运用一种新的观点，在诠释的时候不要太过直接。亚历山大·麦昆（Alexander McQueen，1969-2010）说过：“你必须知道打破他们的规则。这就是我在这里的目的，废除规则，但保留传统。”

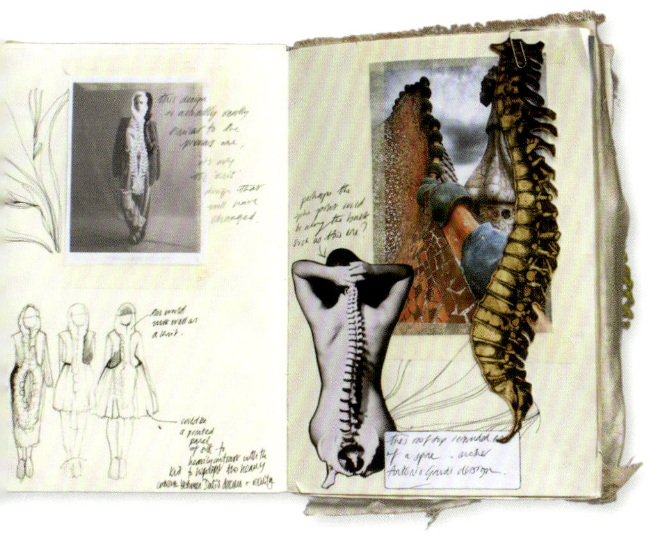

左图

哈弗·埃文斯（Hâf Evans，2012）

右图

达丽萨·阿尔蒙特（Talisa Almonte， 2012）

下图

杰思卡·拉尔米（Jessica Larcombe，2012）

调研的时候保持开放的心态会使你在设计拓展时可利用的资源更加丰富。国际流行趋势预测机构多尼戈尔集团（Doneger Group）的创意总监戴维·沃尔夫（David Wolfe，1941-）说过：“当我坐地铁上班的时候，我也一直在调研，我从不停止。”

# Colour: the ever-changing palette of fashion

# 色彩：千变万化的时装调色板

"懂得如何欣赏色彩关系、色彩之间的影响以及色彩如何产生对比、失调的人，绝对是想象力无穷的。"
——索尼亚·德洛内（1885–1979）

对于任何试图在时装设计领域从事设计的人，色彩都是一个非常重要的工具。在设计过程中不可将色彩单独对待，它的重要性不容忽视。通常色彩的视觉冲击力是吸引顾客的第一要素。预测最新的色彩流行趋势是一个重要的行业，因为服装设计的风格和款式的更新速度快于任何其他设计类别。对于预测者来说，将个人关于时装设计、文化和历史方面的知识与消费者的喜好相结合是非常关键的。对于设计师来说，关于下一季流行色彩的预测成为他们的指示灯。他们对每季主要流行色彩的变化都进行预估。

下图

菲利帕·珍金斯（Philippa Jenkins，2010）

美国的潘通集团是市场的领导者，促成了从设计师到生产商，再到下游的消费者之间的色彩交流。潘通纺织色彩体系被全世界的设计师所运用，他们可以在纸质或者棉质面料样本中进行选择和指定色彩，色彩多达1932种。潘通公司还会每年两次发布潘通色彩预测，可以提供季节性的色彩流行方向和灵感，为设计师提前24个月提供下一季的色彩信息。在服装和纺织行业，通常采取两年的前置期模式，使纱线生产商在真正的销售季来临之前有充足的时间为新一季进行染色。

色彩是主观的。色彩吸引的是人的感官（如同音乐和食物），不能遵循任何规则或客观的标准来解释我们对色彩的偏好。个人偏好、文化背景和相关的回忆都会促使我们对特定色彩的价值和意义作出快速的评价。比如参加葬礼时，在欧洲应该着黑色服装，而在中国和非洲的部分地区，吊唁的时候应该着白色服装，在埃及则是黄色。传统概念女婴穿粉色，男婴穿蓝色的习俗却不适用于比利时，比利时完全相反，而在百慕大和日本，粉色则被认为是非常男性化的色彩。

在时装界，色彩关系到设计的成功与否。如果牛仔裤当初设计成红色或者是绿色，现在还会被人们普遍接受吗？如果将“小黑裙”命名为“小黄裙”，它还会同样地性感妖娆吗？

为了迎合消费者的喜好，大多数零售品牌都会提供同款服装的不同颜色选择。因此，如何协调与平衡色彩是时装设计师创作成功作品的关键。潘通公司市场总监乔瓦尼·马拉（Giovanni Marra）说过：“色彩激励着我们的日常生活，也会影响我们的情绪和感觉，并且最终影响我们的购买决定。在设计过程中正确地用色不能被低估，因为它是任何产品或活动成功与否的关键。”

色彩的名称日渐渗透至我们的日常用语中，虽然似乎很少提及他们的象征意义，但对于他们的使用，通常有一定的历史或文化因素来进行解释。如“blue joke”，意为黄色笑话，“pink slip”意为解雇通知书，而“white elephant”则为华而不实之物。同样的，每一个人都喜欢受到贵宾般的待遇（red-carpet），而痛恨被当作小偷抓个现行（red-handed）。

色彩在生活中也有着自己的情感意象，如红色代表“危险”和“停止”；在全世界大多数交通路口，绿色意味着“安全”和“通过”；金色、银色和铜色代表成就；白色的旗子是投降的标志，象征着胆小懦弱；在财政方面，人们都希望自己是有盈余的（black），而不是赤字（red）。

这样的色彩组合可以无穷无尽，有时候甚至相互矛盾。

**上图**

艾米莉·里卡德（Emily Rickard，2012）

**下图**

丽贝卡·德林（Rebecca Dring，2012）

每一个时装设计师都用自己的方式来解释色彩，不仅是自己亲身体会色彩，更是通过设计将自己对色彩的理解表达出来。

**右图**

色环是一个用来说明色彩的圆环，标示了色彩之间的相互关系。还可以根据色彩在视觉上的积极性或消极性将这个色环分割成各种区域。

自古以来，色彩的理论已经被充分地研究和记录。在今天，大多数设计师在选择和使用色彩时将色环作为一种指南。色环是将最基本的色彩光谱放入一个圆环中，来表现等距、辐射的色彩带。色环上的每个纯色光谱（称为色相）可以调整其亮度（通过添加白色）、色阶（通过添加黑色）或者色调（通过添加白色和黑色）。

首个色环是由艾萨克·牛顿爵士（Isaac Newton, 1642-1727）在1666年开发出来的，以记录色彩关系和从一种颜色过渡到另一个颜色的自然过程。在1810年，约翰·沃尔夫冈·冯·歌德（Johann Wolfgang von Goethe）根据色彩对人心理上的影响和意义的不同将色彩进行正负分组。包豪斯的讲师兼画家约翰·内斯伊顿（Johannes Itten，1888-1967）于1961年出版了《色彩的艺术》一书，他修改了现有的关于色彩的理论，并设计了新的12色环——这便是伊顿色彩理论，成为今天艺术学校的色彩课程的基础理论，并且为当代设计师所遵循实践。伊顿说："色彩就是生命，没有色彩的世界是死亡的。就像火焰产生光，光产生了色彩。如同语调为话语添加了色彩，色彩为形式添加了精神上的声音。"

简单地说，大多数色彩属于原色、二次色、三次色的基本色彩分组。红色、黄色和蓝色是三原色，它们有独特的性质，不能由其他色彩混合而产生。但是，在印刷行业中的三种重要的色彩是品红、青色和黄色。绿色、橙色和紫色这三个二次色是由原色中任意两种颜色混合后形成的。橘黄色、橘红色、紫红色、蓝紫色、蓝绿色和黄绿色这六个三次色是由一个原色和相邻的二次色相混合而产生的。

在色环中处于相对位置的两个色彩是互补色，因为这两种色彩可以很好地搭配使用；处于相邻位置的色彩也是如此，称之为邻近色。梵高的《向日葵》就是利用临近色的很好例证，橘色、橘黄色和黄色彼此相互映衬，互相补充。选择色环上等距位置的色彩进行组合、合理搭配时，就形成三次色。

单色是通过改变一个颜色的色阶而获得的，可以将原色相变暗或者变亮，也可以降低或减少其饱和度。如果你曾在五金店里调过油漆，就会很熟悉这样的方法，那里有许多暖色色组。

**红色：**强烈的色彩，暗示日落和炙热的火，也可以代表爱情、危险、愤怒。

**橙色：**始终与水果相关，不仅暗示健康和幸福，同时也能够体现季节。

**黄色：**饱含阳光的色彩，也体现积极的人生观。

冷色调比暖色调更内敛。

**绿色：**尽管它代表自然，也暗示羡慕和嫉妒。

**蓝色：**天空的色彩、大海的色彩，暗示安宁和稳定。在宗教中对圣母玛丽亚的描写也用蓝色。

**紫色：**与贵族和皇室有直接的关联，但明度较低的紫色也能体现浪漫情调。

剩下的黑色和白色该如何归类？很遗憾不能轻易地对这两种颜色定性。在某些色环中甚至认为它们并不是真正的色彩。电脑屏幕中任何不显示的色彩都是黑色；但当我们在读一本书或杂志的时候，文字旁的白色背景也会被大脑解读为空白：两种色彩——同样的结果。

将三个原色直接混合起来形成了黑色。尽管你不能混合任何其他颜色来制作出白色，但到现在白色仍然没有被认为是原色。是不是感到困惑呢？不要困惑。只要记住：不管其是否为“真正的”色彩，在进行色彩探索的时候，应该像对其他颜色一样，对黑色和白色进行自由地运用。

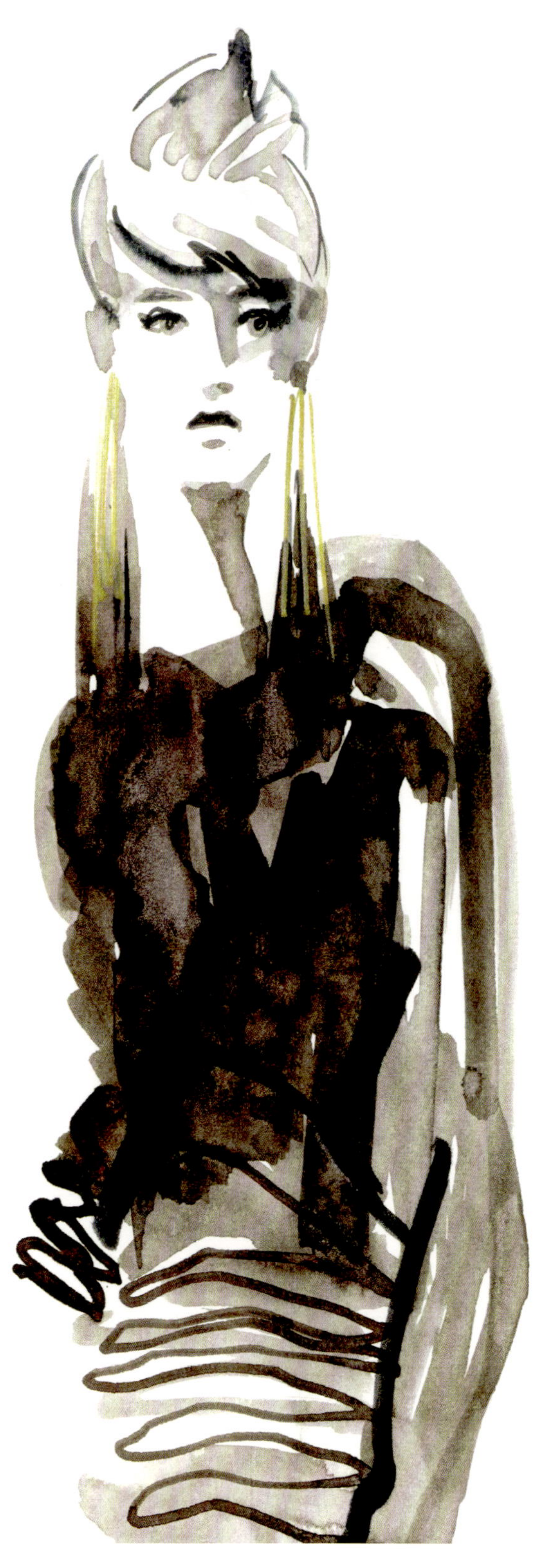

**右图**

梅根 · 莫里森（Meagan Morrison，2011）

虽然爱德华 · 马奈（Edouard Manet，1832-1883）宣称“黑色不是色彩”，但时装界却执意充耳未闻。自从可可 · 香奈儿（Coco Chanel，1883-1971）和克里斯汀 · 迪奥（Christian Dior，1905-1957）确立了黑色的魅力，黑色已经被时装界普遍视为终极时尚。今天，“新的黑色”这一词语通常用来表达最新的色彩趋势。

以下是对一些主要色彩的概括描述：

**红色：** 热情、爱、紧迫、兴奋、力量、暴力、愤怒、危险

**橙色：** 节能、平衡、温暖、健康、快乐、活力、华丽

**黄色：** 乐观、快乐、幸福、希望、阳光、怯懦、疾病

**绿色：** 自然、成长、青春、生育、活力、嫉妒、妒忌、恶心

**蓝色：** 信任、冷静、和平、负责任、洁净、悲伤、灵性

**紫色：** 神奇、礼节、尊严、忠诚、财富、傲慢、颓废

**黑色：** 神秘、优雅、黑夜、邪恶、悲伤、抑郁

**白色：** 纯洁、洁净、真理、英勇、善良、纯真、中立

**上图**

杰思卡·拉坎布（Jessica Larcombe，2012）

**下图**

乔治亚·史密斯（Georgia Smith，2012）

色彩和面料的选择总是密不可分。对这两者选择太多会弱化你的整体设计效果，显得很杂乱——好比"只见树木不见森林"。让自己在有限的色彩范围和面料中进行选择，这样为了突出服装的个性与趣味性，你会更加专注每件服装的结构。平衡好色彩和面料是必须的，这样才可以确保从设计概念中创造出最好的设计形式。通过整合主色调和一系列的辅助色，可以确定一个赏心悦目的整体色调，既能很好地融合统一，又能在这个有限的色彩范围中产生变化。

左页图

塔丽萨·阿尔蒙特（Talisa Almonte，2012）

上图

索梅·威廉斯（Samme Williams，2011）

下图

丽贝卡·荷德（Rebecca Head，2012）

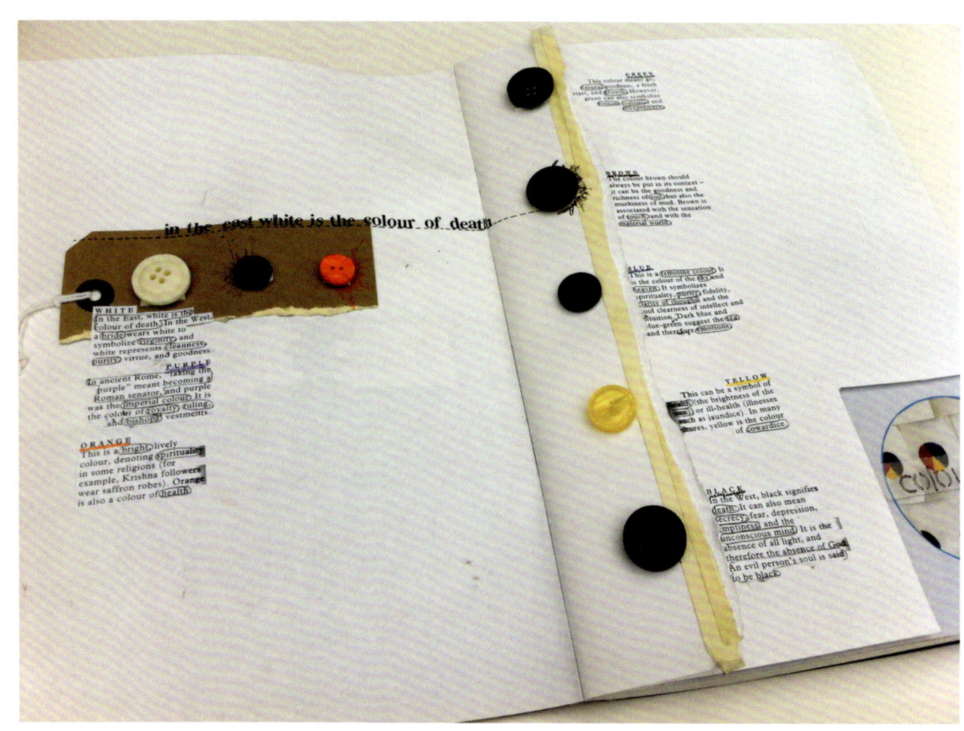

色调选择的决定性因素源自设计师他或她对自己的调研所作出的反应以及设计概念。这可能很简单，就像是对一个符合你的心境或者你意图设计的季节的壮观景色或者环境所作出的直接反应。色彩也可以用来刺激社会评论或以极端的方式重新诠释或颠覆一种显而易见的观念或事实。不管你是什么意图，都应充分利用色彩给设计带来的附加值，并且不要低估它的潜力。至关重要的是，应该留出足够的时间来检验和评估设计中不同的组合搭配、比例、色彩均衡等要素。色彩是整个设计过程的纽带——如果选错了色彩，在设计过程的后期将很难进行调整，否则一切都得从设计草图重新开始。

# 速写本任务 Sketchbook task

## 色彩与词语的关联性

你是否想过，现在很多色彩和色阶表的名字日渐模糊而复杂，它们是如何源起的呢？不管是家用油漆或者是指甲油都无关紧要，色彩的名称往往都很含糊，如睡莲腮红、甘露珠宝、水银星雨，光靠这些名称我们无法想象其具体的颜色。这是在尝试重新发明改造色彩，要保持色彩的新鲜感，并与时俱进。

"名字代表什么？
把玫瑰花叫其他的名字，
它还是一样的芬芳。"
——《罗密欧与朱丽叶》
威廉·莎士比亚
（William Shakespeare，1564–1616）

大多数的色彩预测是通过色彩故事来发布的——每一个色调都有自己的故事和情境，以供选择和命名。将自己与色彩预测者互换角色，来做做这个有趣的工作吧，编写一个色彩故事并将其命名。

**1.** 为你的色彩故事提案确定一个通用的标题。

**2.** 然后写出与你的色彩故事标题相关的10个描述性词语或者形容词。

**3.** 现在将每个描述语与色调标题相关联的色彩进行融合，为每个颜色重新塑造一个新的身份。每个颜色用两个词语。用此前不相关的词汇作为新的名字更可取——进行融合后，这些词不应代表你一眼就能认出的事物或者早已经在你的记忆库中。

**4.** 最后，将你新命名的颜色与一张暗示性相当的图片进行匹配。

**5.** 将你的结果记录在你的速写本中。

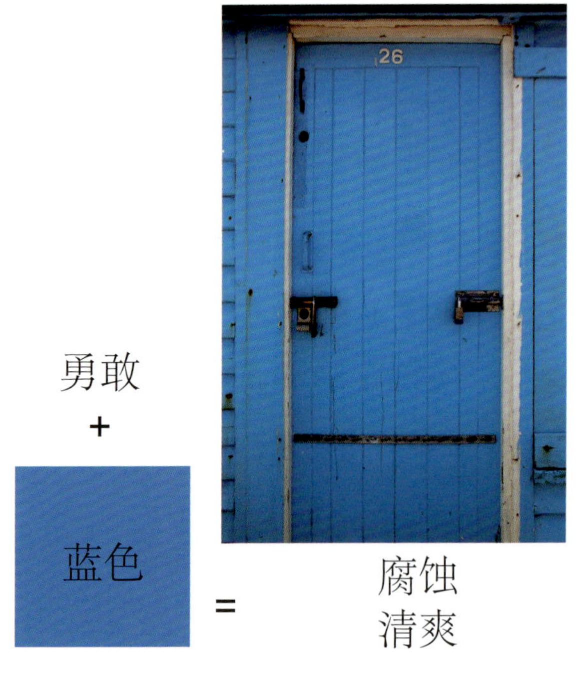


腐蚀
清爽

空心
阴影

下表是对色彩故事的一些建议及合适的描述语：

| 情绪 | 天气 | 味道 | 电影 | 外表 |
| --- | --- | --- | --- | --- |
| 生气 | 有雾 | 苦味 | 冒险 | 美丽的 |
| 平静 | 严寒 | 可口 | 滑稽的 | 干净的 |
| 尴尬 | 炎热 | 水果味 | 宏大的 | 单调的 |
| 文雅 | 冰冷 | 油腻 | 历史的 | 别致的 |
| 开心 | 阴天 | 美味 | 恐怖的 | 迷人的 |
| 懒惰 | 下雨 | 香醇 | 悦耳的 | 壮丽的 |
| 神秘 | 暴风雨 | 胡椒味 | 浪漫的 | 朴素的 |
| 焦虑 | 晴天 | 辛辣 | 猛烈的 | 闪亮的 |
| 胆小 | 闷热 | 黏稠 | 古怪的 | 难看的 |
| 担忧 | 有风 | 好吃 | 西方的 | 吃惊的 |

幸福

+

=

朱红
高烧

# 速写本任务 Sketchbook task

"靠近花园门口有一棵大玫瑰树，
花是白色的，三个园丁正忙着把白花染红。
爱丽丝觉得很奇怪……"
——《爱丽丝梦游仙境》刘易斯·卡罗尔（1832–1898）

## 色彩替换

如果某些以色彩来区分的东西被改头换面，以其他的色彩来呈现，会发生什么呢？如果香蕉是薰衣草色，你还会有想吃的欲望吗？你会在鲜红色的大海里游泳吗？如果树上的树叶是粉红色的，消防车被涂成黄色的？

1.使用非服装类的图片，尽量选择一系列可以通过色彩进行识别的图片：它可能是一个沙漠场景、一个冰冻的荒原、一辆纽约黄色出租车，甚至是一堆胡萝卜。现在开始着手来改变这些图片的自然色调。你会用什么方式来改变这些色彩呢？你可以在这些图片上直接涂色，作出标记，并贴上有色胶卷，或使用电脑软件来调整扫描图片的颜色。不要让自己局限于一种方式。想想安迪·沃霍尔（Andy Warhol，1928-1987）的丝网印刷，以及你对这个重新改变过颜色的物体的反应及想法有什么变化。

2.现在用与时装相关的物品开展同样的任务作为起点。哥特人穿上婴儿蓝服装会是什么样子呢？如果用萤光橙色的各种色调来装饰新娘的白色礼服呢？重复色调替换的工作，建立一个重新调整的色彩故事网。

3. 将最终结果记录在你的速写本中。

**右图**

自然界中食物的颜色没有大量的蓝色出现。由于蓝色让人没有胃口，它通常作为抑制剂用于饮食试验中。

# 廓型：服装的造型 Silhouette: the shape of fashion

“我试着去突破型。改变廓型就是改变我们的审美方式。”
——亚历山大·麦昆

服装廓型是由内衣和外衣相搭配所呈现出的整体造型，用来提升自然的身体线条。这个廓型是由心灵手巧的服装设计师和其采用的面料共同创造出来的。面料的剪裁和服装的外轮廓都会影响服装穿着后的视觉效果。廓型可以指单件服装的造型，也可以是整套服装的组合造型。

“廓型”这个词源自法国路易十五时期的财政大臣艾蒂安·德·西卢埃特（Étienne de Silhouette，1709-1767）的名字，他退休后，制作了很多人物剪影肖像来装饰自己的家。

因为时装总是不断变化的，因此每一季确定新风貌的关键性元素就是推出不同的造型和廓型。廓型是先于设计细节被人们所观察到的部分。

如下图所示，大部分时期的服装都保持了自己鲜明的廓型，并且可以根据那个时期的文化特征来进行定义。廓型可以通过一些简单的调整来改变：比如改变腰线，缩短或者增加袖子、裤子或者裙子的长度；或者加宽、缩短肩部、裤子或者裙子。20世纪的服装流行特点可以通过观察那个时期不断变化的廓型来轻易地进行归类。

奥斯卡·王尔德（Ascar Wilde，1854-1900）曾经这样描述时装业，“丑陋的形式让人无法忍受，我们必须每六个月就进行一次改变”，而且每过一季，廓型都在发生改变。然而对于这样一个行业，10年太长了。虽然一个世纪的一般廓型特征非常明显，能够迅速生成服装快照（如下图），但是，当我们定义一个风貌的时候，每个时代的变化不仅仅只是每个部件的简单相加。研究20世纪的任何一个时期，都会有大量的信息呈现出来，也证明了服装流行趋势是多么的变化无穷。

20世纪70年代是服装流行善变的典型代表。这个时代虽然以60年代末首次出现的超短裙开始，但裙摆很快降低到略低于膝盖的位置，然后降至形成中长裙（及腿肚长），后来降至形成超长裙（及地长）；以前干净利落的廓型逐渐被灵感源自农民服装的柔软、宽松结构的服装所取代。喇叭形廓型将一切进行夸张，从“A”廓型外套到高腰节嬉皮士长裙，再到后来的喇叭裤，或者是跳迪斯科时穿的连身衣。这个10年以最终颠覆一切的风格的出现收尾——朋克。

对人体自然结构的调整从来就不局限于任何一个部分。纵观几个世纪，人体的任何一个区域都难逃时装的“法眼”，将它们作为潜在的关注点加以利用。褶皱领就是时装宣言的一个例证，对两性都同等重要。从简单的领部装饰开始拓展，最终形成完全装饰性的大圆盘形状，而且完全改变了肩部的造型，这些变化可以从16世纪末和17世纪初的宫廷肖像画中看出。

历史上女装廓型特征最明显的要数维多利亚时期的硬衬裙。这个著名的钟形廓型外面装着裙环，其巨大的廓型是由鲸鱼骨撑起来的，在16世纪颇具时尚感的西班牙宫廷开始受到追捧，一直流行了近300年。后来被称为彼得麦式（biedermeier）、硬衬裙、撑裙。最初用作裙撑材料的骨头或者木头最终被铁丝和马鬃所代替。到19世纪中叶，裙撑取代了裙环，形成一种前面更加平整的新廓型，将裙子的大部分集中在后部。其设计的初衷是为避免裙子上的庞大面料拖地，裙撑和裙环的使用使得腰部看起来更细，并且提升了胸部的线条，创造出S形廓型。然后，现实的问题是，由于大量的面料堆积在身体上，走动时给身体带来很大的压力和重力，自然导致了背部疼痛的人数激增。

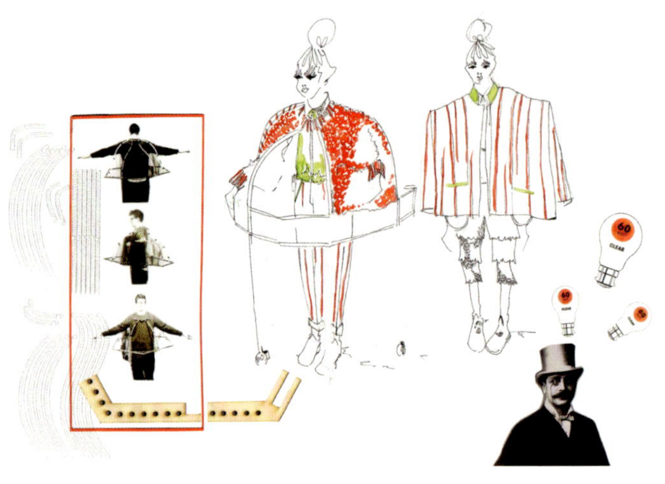

**上图**

茱莉娅·克兰茨（Julia Krantz，2010）

“壳”

在瑞典哥特堡的HDK设计与工艺学校学习时候，设计师茱莉娅·克兰茨在他的服装系列中运用了衬裙的设计方法，在金属架上利用透明面料进行立裁。

（摄影：凯特琳·柯克伍德，Katrin Kirojood）

**下图**

丽贝卡·斯坦（Rebecca Stant，2012）

激光切割夹板槽系统框架是由曼彻斯特学生丽贝卡·斯坦设计的，创造出可以调节的“meccanoesque”框架，以支撑她毕业设计中新颖的服装廓型。

**上图**

杰德·汉南（Jade Hannam，2010）

对紧身胸衣进行调研，从中可以找到改变服装廓型的各种切入点。

紧身胸衣对于获得时尚的廓型具有重要意义，同时它又极具历史意义。它是女性衣柜中固定的组件，从15世纪的硬质紧身马甲，一直到20世纪初的紧身胸衣。但是，控制腰部的线条并不为所有社会所推崇。例如，在日本，和服中的宽腰带具有突出腰部的作用，而不是让腰变得更细。

时装设计师们如此痴迷于扩大和缩小人类身体的某些部位也是情有可原，毕竟，人的身体不外乎这几个主要部位：一个身躯、两只手臂、两条腿和一个头，时装设计只能拿这些部位来做文章。随着时间的推移，各种可能性都已经用尽并尝试。对于现代时装设计师来说，永恒的问题在每一季都将持续出现："我该如何着手，怎样才能让我的新造型看上去新颖、让人耳目一新又令人兴奋呢？"

尽管时装设计师们用廓型来修饰人们的体型，但他们有时候也会受到指责，因为他们为了满足自己的创造力和想象力，操纵身体的自然轮廓，不顾人体健康生长的正常需求。从文化和历史的角度看，为时尚而"遭罪"是必然的，因为在流行的"赛场"上，前卫比舒适更重要。因此，当专业模特艾琳·欧康娜（Erin O'Connor，1978-）2001在巴黎走时装秀场穿着亚历山大·麦昆的服装被伤到手也是不足为奇了，因为这套服装完全用竹蛏壳制成。对于那些意欲成为时尚达人的人来说，凌驾于可穿性之上的时尚却意外地更贴近于现实。

法国鞋子设计师克里斯提·鲁布托（Christian Louboutin，1963-）评论说，"高跟鞋是痛与快乐并存，如果穿着它们你无法行走，那就不要穿"。

对时装设计师不利的是，大多数的时装设计都是昙花一现。每季推出的服装在年终前就会过时。有的流行趋势可以一夜成名，在经过新闻和媒体报道后成为流行必备品，但他们的消失也如出现时那般“风驰电掣”。正如可可·香奈儿所说：“创造时尚就是为了让它过时。”

但是，如果某个设计师很幸运，偶尔也会创造出一个真正的“经典”，它的廓型会一次次地以各种表现形式重复出现。一个永恒的经典通常是采用简单、干练的线条，廓型清晰，剪裁利落，让服装瞬间具有吸引力。款式、色彩和结构的结合堪称完美，没有修改的余地。

20世纪著名的时装设计经典介绍如下：

## 巴宝丽的风衣

经典与时尚的代名词是双排扣、防水雨衣，最初是托马斯·巴宝丽（Thomas Burberry，1835-1926）于1901年为军官们设计的军用雨衣。传统的军用雨衣有三种经典颜色：卡其色、米色或黑色。插肩袖、克夫和D形肩带赋予大衣独特的廓型。既有休闲风格也有职业风格的风貌。好莱坞很多明星如亨弗莱·鲍嘉（Humphrey Bogart，1899-1957）、葛丽泰·嘉宝（Greta Garbo，1905-1990）、金·诺瓦克（Kim Novak，1933-）和梅丽尔·斯特里普（Meryl Streep，1949-）为军用雨衣脱离军用功能作出了贡献，使它成为另一个时尚标志。军用雨衣成为经典一代代地流传下来，每一代只是对基本的版型稍作改动，但是没有改变其结构的完整性。现在，这个款式一如20世纪初那样时尚。2011年，剑桥的凯特·米德尔顿公爵夫人（Kate Middleton，1982-）在其贝尔法斯特的高调之旅中穿上了一件Burberry双排扣风衣，导致英国实体店和网店的存货在一天之内售罄。

**左图**

茹萨拉·普罗普（Jousianne Propp，2011）

仔细研究过去的服装结构，会发现促成其经典地位的主要元素有哪些。

**右页上图**

罗斯·威尔斯（Ross Williams， 2012）

这个平面结构图有助于我们理解人们为何对这个款式的裤型如此痴迷，这一款式是拓荒之前的美国西部遗留下来的产物。

**右页下图**

奥尔加·弗卡洛娃（Olga Vokálová，2011）

时尚名人堂里展示的一个主题板体现了经典剪裁和风格的永恒魅力。正如拉夫·劳伦（Ralph Lauren，1939-）解释说，“我感兴趣的是持久、永恒、风格——而不是时尚”。

## 李维斯 501牛仔裤

标志性的李维斯501是今天全世界最知名的牛仔裤。然而和巴宝丽的风衣一样，牛仔裤的起源与时尚界的关系相去甚远。这一祖辈们穿的蓝色牛仔裤起源卑微，开始于19世纪末美国的淘金热时期，那时候只是被简单地称为“齐腰工装裤”。由于矿工们抱怨面料的耐穿性太差，用一种更结实的牛仔面料代替了最初用作帐篷的帆布。

在1983年，伊夫·圣·洛朗（Yves Saint Laurent，1936-2008）坦言道：“我希望是我发明的蓝色牛仔裤。它们可以表达谦虚、性感、简单——我希望我的服装所拥有的特质。”这个款式之所以能经久不衰，是因为李维斯品牌一次又一次地映射了一个国家的文化和社会发展历程。他们典型的美国式形象代表的不仅仅是对西部牛仔和印第安人的怀旧，同时也是社会革命的标志以及诸如猫王（Elvis Presley，1935-1977）、詹姆斯·迪恩（James Dean，1931-1955）和后来的奥巴马（Barack Obama，1961-）总统所散发出的魅力，帮助他们书写了传奇。由于牛仔裤已经成为任何时尚饕餮大餐的主要内容，它也经历过了多次修改，以适应当下的潮流廓型，如瘦腿裤、喇叭裤，缩短或者加大等。

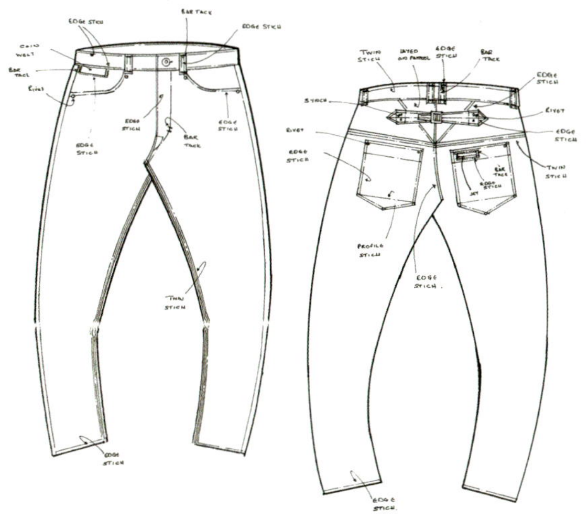

## 小黑裙

人们经常引用可可·香奈儿的话：“通过连衣裙找女人，如果一个地方没有女人，那里也一定没有连衣裙。”她独特的设计哲学彻底改变了20世纪女性的着装规范。她向来都支持女性的着装在造型和裁剪上都应该简洁大方。

最初的“小黑裙”，或者简称LBD，诞生于1926年，并一直是大多数女性们的衣橱必备品。小黑裙代表了时尚的精髓，以其严谨的的黑色线条凸显了人体的曲线。不管每季的服装如何变化，小黑裙始终都没有被淘汰。最初的小黑裙是一件无袖及膝紧身裙，为穿着着毫不费力地呈现出经典、时尚和性感的廓型。那时候人们认为黑色并不适合于作为时尚服装的色彩——只在葬礼和吊唁的场合出现。随着时间的推移，大多数的时装公司都推出了他们自己的小黑裙，使其蜕变成一个时尚传奇。小黑裙最经典、最著名的形象是奥黛丽赫本（Audrey Hepburn，1929-1993）在1961年的电影《蒂凡尼的早餐》中扮演的霍莉所穿的由休伯特·德·纪梵希（Hubert de Givenchy，1927-）设计的小黑裙。

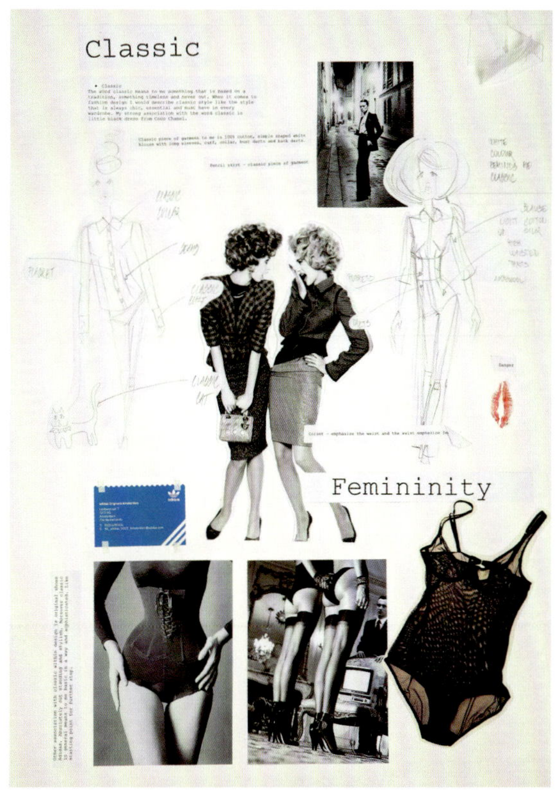

# 速写本任务 Sketchbook task

## 3D-2D-3D

纸样模版是传统的二维工具，用于纸型剪裁时的塑型。用得恰当的话，它是一个获得三维适型裁片的便捷方法和捷径。但是，在我们创建新造型和廓型的时候，采取横向的方法更佳。以下是一个简单的练习，可以释放你的想象力，为你带来很多意想不到的其他方法。

**1.**3D－2D。选择一个有趣的三维物体，不要太大。选择一个造型比较有趣味性的物体，而不是一个简单的立方体或者球体。它可以与时装没有直接的关系。将这个物体用胶带完全包起来（你可能想使用类似保鲜膜之类的东西先将它保护起来）。如果胶带有重叠没有关系——它有助于使最终的裁片更加结实。用胶带包裹好物体后，在上面画出一系列要裁剪的线条。你可以遵循原有的结构，也可以创造你自己的结构。造型小一些更好，而不是就简单的几个方块。同时，最好加上对位标记，显示出对接的准确位置，这样在将他们分开后，可以重新组合起来。现在沿着你画好的纸样线仔细裁剪，为你自己的3D物体创造出一系列的平面纸样裁片。接下来将他们拓印到轻型卡纸或者打板纸上，运用复印机或者扫描仪将平面纸样造型扩大成不同的尺寸。重复制作加大的纸样裁片。最后，将它们剪切下来。

**2.**2D－3D。当你的加大型平面纸样裁片积累到一定程度的时候，将它们粘贴至人台上，围绕人体造型创造出新的廓型。不要总是处理人台上显而易见的区域，运用你的新裁片，帮助你凸显出那些容易被忽视的区域，或者通过夸张他们的廓型提升现有的造型。通过遵循你的对位标记，或者使用同一个纸样裁片的多个复制品，创造出一些有趣的组合。

“对现有的东西进行重新组合与创新，即兴创作。
让自己更具创意，
不是因为你迫不得已
而是因为你希望如此。”
——卡尔·拉格菲尔德（Karl Lagerfeld，1933－）

**3.**在新廓型的探索过程中，通过摄影或者在速写本上进行速写并将结果编撰成册，记录整个拓展过程。

康拉德·詹姆斯·道尼（Conrad James Dawney，2012）

“我选择的3D物品是我的一只双层厚底鞋。我觉得它的形状非常有意思，能够创造出很好的纸样裁片。这个过程非常有趣，因为我从来没有尝试过用这种方法进行裁剪，我以后还会经常使用这种方法，因为它创造出来的结果让人惊叹不已。通过移位、扭曲它的廓型并思考新的造型组合，所获得的造型是平面裁剪很难实现的。”

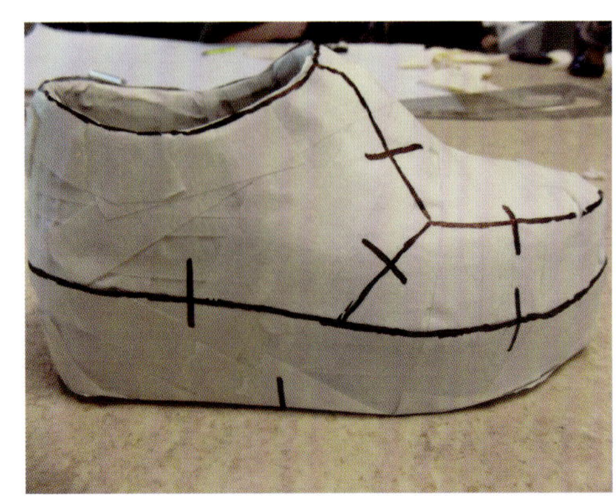

K+L
MADE IN ENGLAND
BY
Kennett & Lindsell Ltd
ROMFORD ESSEX

# 速写本任务 Sketchbook task

"你现在能分辨出这是什么吗？"

——罗尔夫·哈里斯（Rolf Harris，1930–）

## 墨迹试验——你看到了什么？

尽管赫尔曼·罗夏（Hermann Rorschach's，1884－1922）墨迹试验结果的可靠性到今天仍被心理学家们所质疑，但是通过在一张纸上洒墨并折叠来创造出抽象的图形，这仍然是任何一个设计师检验其想象力的绝佳方法。通过墨迹试验结果可以分析出一些可能因素，当然不可预知的事情也会发生。因为镜面效应，罗夏的墨迹试验可以提供一个很好的方法，去探索页面上的对称、研究图片在页面中的积极空间和负空间。

在安迪·沃霍尔（Andy Warhol）生命的最后时光，他制作了著名的38幅巨大的"罗夏墨迹试验"（1984）泼墨折叠画，他将画布铺在工作室地板上，在画布的一边进行绘画，趁颜料还没干时再将画布对折。

实施任何一种墨迹试验来获得时装方面的结果，这是一个拓展设计想法和时装画技法的即兴创作方法，非常有创意。以同样的方式，最早的墨迹试验是通过分析病人对抽象造型的诠释来揭示他们思维的无意识工作状态，对于时装设计师而言，墨迹试验能帮助他们抛开逻辑性，聚焦大脑的创意功能。各个设计师的做法不同，这些模糊不清、结构松散的墨迹，其意义也不尽相同。

你需要准备：

· 纸或者轻型卡片（重量足以支撑打湿后的工具）；

· 墨迹（最好是带有滴管的瓶子，或者用刷子）；

· 水（将其装在可回收的挤压瓶中）。

墨迹试验步骤：

1. 将你准备的纸或者卡片从中间对折，在其中的一半上喷少量水和一两滴墨汁。
2. 将空白的那半个部分折叠起来，用手掌用力按压，特别是折叠的边缘。
3. 将纸铺开，并使其干燥。

通过扩大墨迹溢出的幅度，再加上一些修饰的线条，凸显纸面上的设计，你可以获得同样令人满意的结果。

**左图**

洛蒂·罗斯（Lotty Rose，2012）

加勒斯·普（Gareth Pugh）2012秋冬时装秀

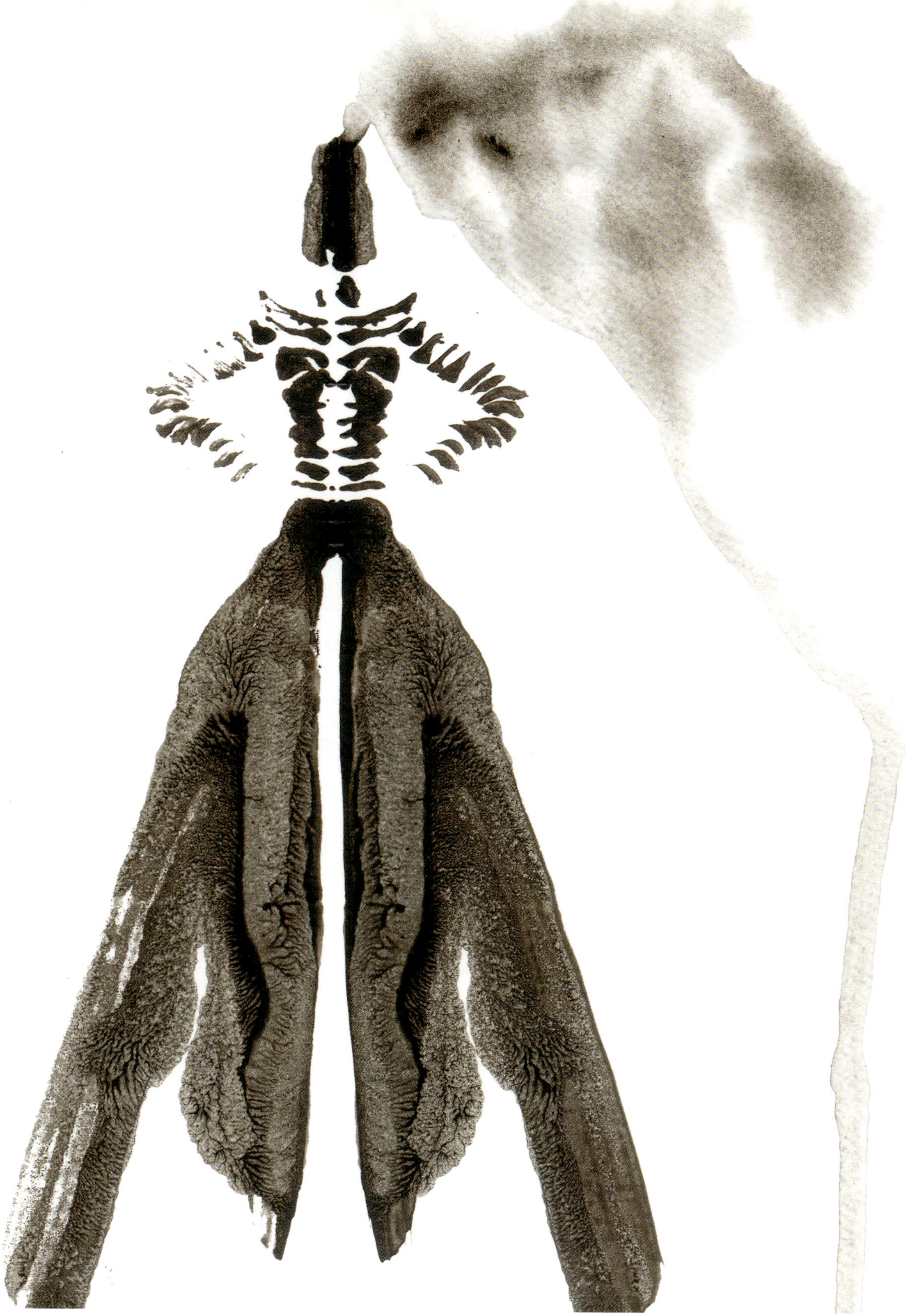

**右图**

丹尼尔·米德尔（Danielle Meder，2009）

加勒斯·普（Gareth Pugh）2009秋冬时装秀

**上图**

扬瑟·范维纶（Joel Janse van Vuuren，2011）

“设计混乱”

“在拓展设计系列的时候，我找到了一个设计方法，从一开始，这个方法就具有随意性，创造出来的服装富有创意。“罗夏墨迹试验”启发了我运用墨迹来绘制时装画的想法。我把颜料放在一张纸上，随后要么用另一张纸平铺其上，要么把这张纸对折，这两种方法都能创造出有趣的廓型，根据这个廓型可以演变出时装设计。”

# 线条与平衡：建立视觉上的均衡

# Line and balance: establishing the visual equilibrium

时装设计中的线是指整体廓型独特的轮廓结构，通过具体面料的裁剪和造型来实现，也可以指将廓型轮廓进行分割的结构线。在以草图勾勒或者绘制设计概念的时候，线是主要的考虑要素，因为这是时装设计师在纸上表达设计理念最基本的方式。

时装设计中的装饰性线条可能是源于造型和结构的需要，它可以让人产生错觉，让人体看起来拉长了或者变矮了，让体型看起来变胖了或者变瘦了。因为人的眼睛通常都会被服装上的线条所吸引，一个优秀的时装设计师可以转移观者的关注点，引导观者的视线从体型的一个区域转移到另一个区域。

"裙子必须根据女性的形体去设计，而不是让形体来适合裙子的造型。"
——休伯特·德·纪梵希

服装结构和设计中的线条可能数量各异，但都可以归纳为以下几种：垂直线、水平线、对角线、曲线或者放射形线条。

在时装设计中，平衡指的是服装系列或者个体服装之间存在的主次关系，这样不同的组成部分可以相得益彰，形成一个整体风格。

**左图**

茱莉·坎贝尔（Julie Campbell，2011）

人体结构具有自然的对称与均衡，以脊椎为中心，向外对称散开，支撑着人体的骨骼结构。

垂直的线条总是能增加高度，让体型看起来更修长。如20世纪20年代典型的叛逆女郎廓型就是一个例证，运用了垂直的线条，去除了腰部和腿部的曲线特征，呈现出纤细、平坦的中性风格。

相反，水平线一般会使体型增重，变圆，同时会显得矮小，因此，大多数设计师在设计臂围的时候避免使用水平线。

不对称的斜线最能凸显出服装的美感，因为它可以蜿蜒地穿过服装的结构，呈现出的效果比严肃的垂直线塑造的效果更加柔和，具有曲线美。20世纪30年代，马德林·维奥妮（Madeleine Vionnet，1876－1975）通过将面料斜裁，或者利用面料的斜纹特征进行裁剪，发明了斜裁法，并且获得“斜裁女王”的称号。

曲线形服装同样可以凸显人体的曲线美，呈现出性感的外观效果。曲线模仿了自然界毫无雕饰的线条。放射形线条是设计师们“处心积虑”设计出来的，目的是把观者的眼球引向身体的某个部位。用于领围线设计时，是为了让脸部吸引人的注意力。

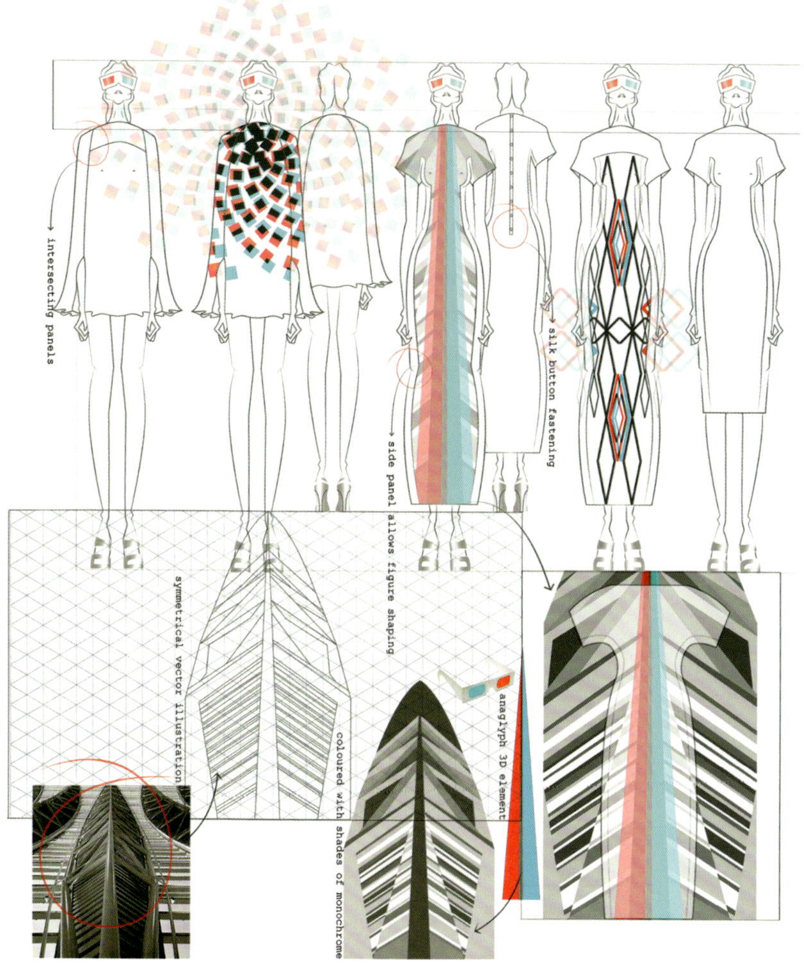


**上图**

阿曼达·布朗（Amanda Brown，2012）

**下图**

尼古拉·阿莫迪奥（Nicola Amodio，2012）

在纵向和横向方面增加纸样结构线可以重新调整人体的自然比例，凸显自然的人体维度，反映设计师的设计理念。

以下总结了19～20世纪时装中出现的一些重要的造型：

**A形：**由克里斯汀·迪奥（Christian Dior，1905－1957）于1955年创造的造型——从肩部悬空而下，延伸至臀部和腿部，腰部不设拼缝线，类似一个大写的字母“A”。

**夏奈尔形：**由可可·夏奈尔（Coco Chanel）设计，这个造型由箱形羊毛衫和直筒或微喇的裙子组成，这个风格的主要元素是辅料——钮扣、流苏和珍珠。

**Corolle和Huit造型（时尚芭莎主编卡梅尔·斯诺称其为“新风貌”）：**迪奥于1947年设计，收腰、凸显胸部、宽松型、裙长及小腿最丰满处，第二次世界大战后影响了全世界。

**高腰形（帝政式）：**整个摄政时期都非常流行，让人联想到古希腊和古罗马时期，腰线提高至下胸围处，从下胸围往下一直到脚都是宽松造型。1959年，克里斯托巴·巴黎世家（Cristobal Balenciaga，1895－1972）重新推出这个造型，在传统的婚礼服设计中广泛应用。

**H形：**迪奥在1954－1955年间创造，直线形的廓型，上身细长，臀部收紧，在臀部交叉，迪奥还创造了胸围线上提5cm、臀部扁平的基础服装造型。

**麻袋形：**由纪梵希于1957年设计推出——直身形、不收腰宽松式连衣裙。

**三角形：**由伊夫·圣·洛朗于1958年设计，窄肩、张开像一个倒置的金字塔。

**郁金香形：**迪奥于1953年设计，飘逸、花朵印花。

**褶形：**臀部收紧的造型，褶裙微微打开，似乎穿着者在轻微走动。

**Y形：**迪奥于1955－1956年间设计，颠覆了他的“A”廓型，把设计重点放在肩部，重心逐渐减弱，裙子收窄，从而形成字母“Y”的形状。

**I形：**巴黎世家于1954－1955年间设计推出的狭窄廓型。

**铅笔形：**迪奥于1948年创造，量身定制，紧身、从臀部一直到膝盖的直线条裙装。

**公主形：**外套或裙装、连裁、腰部不设拼缝线，通过直线形缝份实现形式上的合体性，归功于查尔斯·弗雷德里克斯·沃思（Charles Frederick Worth，1826－1895），19世纪中叶他为法国欧仁妮皇后（1826－1920）制作服装。

**S形：**出现于20世纪初期，由于在胸下穿着前部直挺的束身衣，导致胸部下垂，臀部受到压迫往后倾，形成凹背形姿势——雅克·法斯（Jacques Fath，1912－1954）于1954年重新推出“S”形造型。

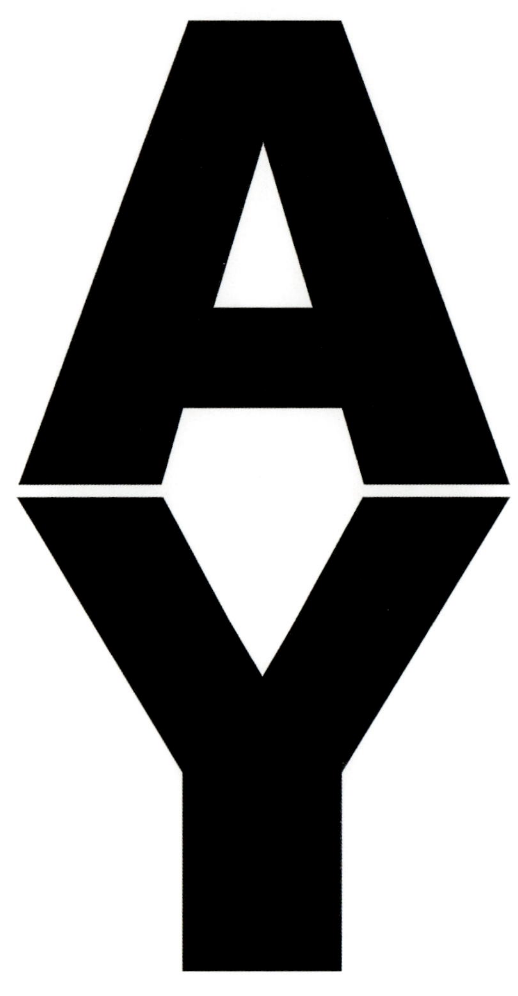

如何成功地设计出服装的廓型，关键的是使这个轮廓之内的所有要素获得平衡。正如所有成功的设计，平衡对于时装设计师来说，就是将所有部分进行排序，使各部分相得益彰，从而获得视觉上的均衡感。

设计师根据分割线、省道和织物的各种特征来处理面料，获得必要的线条和平衡感。毫无疑问，身体的一些主要部位（臀部、胸部等）需要使用收省、立裁或面料皱缩等具体方法来获得自然的轮廓，但是，这些结构设计方法也用于身体的所有其他部位，从而设计出新颖、具有挑战性的廓型。男装定制师主要使用这些已经获得实践检验的平面纸样裁剪技巧来塑造造型。虽然大多数男装都可以通过使用这些原理制作而成，但是，女装中出现的线条更长，而且非常流畅，这使得女装设计师们更热衷于直接在人台上工作，使用白坯布、塑造出三维立体廓型。

不像平面设计师那样主要关注平面输出，时装设计师需要“全面”的视角，这意味着平衡不仅仅是考虑左和右、顶部和底部，还要考虑服装的前面和后面。时装设计师需要考虑每个视角，并且力求让各个要素之间自然过渡，保持连续性。

从立体的角度看，服装后部和侧面的平衡感通常容易被忽略。如传统的婚纱礼服，前后的分量相当，而维多利亚式的裙撑礼服则只有在侧面看的时候才能完整地欣赏。

**左图**

贝基·多彻蒂（Beckie Docherty，2011）

城市建筑中常见的线条可以轻而易举地演绎在服装人体上，以体现服装的平衡感。

从人体结构来看，头长通常用来表现人体的相对比例。实际生活中，一般成年人的身高约为7.5个头长。尽管传统上通常按照这样的比例制作服装人体模型，但是，当时装设计师准备在纸张上表现人体的时候总会出现矛盾，即真实的人体比例和设计师理想中的完美比例之间的矛盾。事实上，服装最终必须贴合人体，尽管如此，在绘制时装设计草图的阶段，设计师常常拉长人体的腿部，都将人体比例表现为8.5个头长。对时装设计师和插画家来说，这已经是司空见惯的做法，与其说是学习得来的经验不如说是潜意识和直觉作用的结果。

由于历史概念和文化差异的不同，关于人体比例的审美观念可谓五花八门。这些观念不仅仅关乎为了获得独特廓型而对服装进行裁剪，也与对理想化的身体造型的偏好紧密相关。传统上，所有社会都拥有各不相同的审美标准。

20世纪50年代，玛丽莲·梦露（Marilyn Monroe，1926－1962）和碧姬·巴铎（Brigitte Bardot，1934-）以性感迷人的形象风靡一时，但2000年以来，沙漏形的身体曲线不再是女性热衷夸耀的时尚体型。超瘦骨感的女性形象，如同20世纪20年代经典柔弱的造型的回归，如今依然受到当代时装设计师的青睐。而在20世纪大部分时间里，这种造型在电影、杂志的广告插图和报纸等媒体上占据着重要位置。

现代男性时尚造型更加青睐于健身和运动所产生的身体比例，表现为宽阔的胸膛，“V”形躯干，而腰臀部逐渐缩小的造型。

在艺术领域，为了表现自己对理想的阐释，艺术家们始终坚持自由，不管不顾人体的自然比例。古希腊雕塑家波利克里特斯在公元前5世纪对完美比例做出了严格规定，他以8个头的高度和2个头的宽度为标准来表示理想的男性体型。如今，大多数人物素描的课堂上依然沿用这样的规定。众所周知，米开朗基罗（Michelangelo，1475－1564）备受尊崇的《大卫》大理石雕像按身体其余部分的比例扭曲了手和头的大小，但依然被公认为是美丽匀称身体的典型。

在时装设计中，分配比例差异对整体外观以及吸引力具有重要作用。分割廓型时，时装设计师可以运用大量的分割线，而且这些分割线视单件服装的剪裁和线条而定，可以将其集合起来创造新的风貌或款式。

一般来说，服装的腰部通常被认是为显而易见的标记，设计师运用它区分服装的上部和下部，它被视为不分性别的明显标记。

通常，自然重力的作用使人们都有一种视觉偏好，即希望底部更有重量感。通常，如果3D物体的基座比例比顶部重，该物体就显得更有稳定性。如果主要重量的分布位于垂直方向的较高处，整体构图或者物体就会显得重心不稳、摇摇欲坠。

使用腰部作为分界点呈现非均匀的垂直比例（2:3），这个比例正好符合“黄金比例”或“黄金分割原理”。“黄金比例”是经过证明的定律，是一个可视化的公式，用符号Φ（phi）来表示，用来分析天文、物理、自然和数学中的比例和平衡。因其在人类已知世界中的持续存在和再现，大多数艺术家和设计师都接受黄金分割比例作为美和平衡的标准。其中，最著名的代表可能就是达芬奇的1509绘图“黄金分割”，其数学公式为 $\frac{1+\sqrt{5}}{2}$ 。

美国真人秀节目“天桥骄子”的导师提姆·冈恩（Tim Gunn，1953-）曾说过：“我相信，我们对美的认知可以增强和提高，但除非喝上一些魔药，我们无法彻底、完全地重新矫正对美的认知，然而这种魔药尚未发明。有些东西就是比其他的一些东西让人赏心悦目，而且我们还是希望得到那些东西。”

**左页左图**

尤金·切尔内克（Eugene Czarneck，2011）

**左页右图**

乔治·格吉姆（George Gozum， 2012）

**右图**

杰弗里·格茨（Geoffry Gertz，2010）

**上图**

苏拉吉特·斯拉齐米尔（Sreejith Sreekumar，2011）

服装工艺细节说明图展示了男士西服上装中常见的呈对称平衡和成比例的效果。

在设计中有两种基本方法来实现设计的平衡：对称或不对称。二者代表着所有尝试为人体着装的时装设计师所关注的重要问题。

对称是人们日常生活中大多数人造物品的标准所在。建筑物、汽车、工具和日常用具都遵从对称平衡。因为人体外部表现为脊柱为中心轴的对称，轴的两边呈现镜像效果（两只眼睛、两只耳朵、两条手臂、两条腿，等等），许多设计师会不自觉地倾向于运用垂直对称。在整体设计中，相同的平衡总能保证平衡与和谐。在组成部分之间也将存在最小的反差或冲突，产生被动情绪。对称也为大型建筑物提供稳定性和持久性，尤其是在宗教活动场所。

大多数的时装设计中，设计师们有意无意地习惯性采用垂直对称，这是由于穿脱服装的实际需求所致。衬衫或外套中央位置的垂直开口通常称为“前中心线”或者“后中心线”，而且传统的做法是在裤子或牛仔裤的腰部以下设有一个中间固定点。无论使用钮扣或者拉链，这些设计问题与其说是为了考虑实际设计的美观性，不如说是为了实际使用的功能性。不容忽视的是，服装中的平衡需考虑垂直方向和水平方向的平衡，而且从上到下的平衡也同样重要。

然而，整个设计中的平均分配常常被认为是保险的方法——在时装界这种方法并不著称。这是保持平衡较为保守的观点；如果设计师过于坚持标准化的平衡准则，这会导致所创造的产品缺乏多样性，只是日复一日的重复。在模仿人体外部对称性来创造整洁优美的风貌方面，男士传统西服的裁剪堪称完美典范。

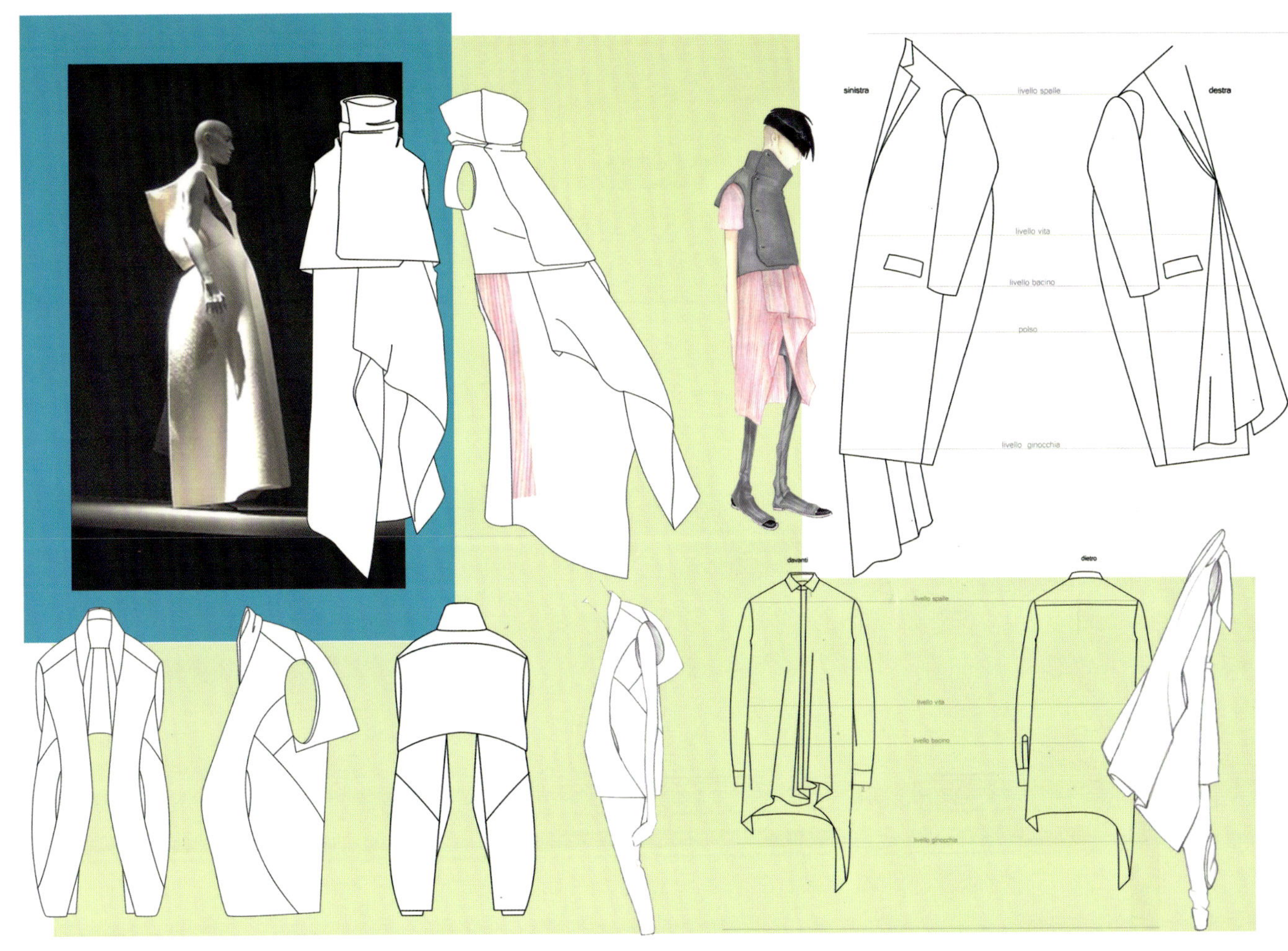


**左图**

飞洛比纳·卡瓦拉罗（Filomena Cavallaro，2011）

考虑并检验非对称线条以期让最终服装的造型和裁剪获得一致的平衡。

在时装界，如果尝试获得“创新思维”的设计结果，打破平衡是一种有效的方法。不对称的平衡对所有设计师的瞬时吸引力是由于缺乏约定俗成的规范或体系，它也促成人们产生自由的意念，去冒险并打破常规。

从本质上来说，不对称被视为缺乏对称性。这种结构性规则的缺乏让设计师们依靠他们自己的觉察力，并最终依赖于个人的品味，去识别整体外观在何时达到了预期的平衡性。正如预期的一样，移除某种准则的安全保障，设计师就面临了更大的挑战。非对称平衡的内在不稳定性通常使设计结果更具活力，使外观风貌更能吸引人们的目光。

重要的是要记住，在时装界，最终的批判形式常遭忽略。如果一个设计师没有在媒体上受到重点推荐，就等于他被归为不值得一提。打破事物的平衡也就创造了必要的催化剂。时尚杂志*Vogue*的传奇总编辑戴安娜·弗里兰（Diana Vreeland，1903－1989）曾说过：“不要害怕被认为庸俗，只是无聊而已。”当代时尚一直在令人愉快与令人不愉快和得到认可与不被接受之间徘徊。广受好评的设计师有让·保罗·高提耶（Jean Paul Gaultier，1952-）、亚历山大·麦昆、维维安·韦斯特伍德和艾德沃德·密海姆（Edward Meadham，1979-）、本杰明·基尔霍夫（BenJamin Kirchhoff，1978-）（亦称密海姆·克希霍夫，Meadham Kirchhoff），这些设计师们大部分的名气都归功于T台走秀时的不走寻常路，这种表现为他们赢得“令人置疑的品味”的荣誉称号。

对所有时装设计师来说，关于廓型、线条和比例的关键性要点是，不管采用何种方法创造或实现设计，不管使用何种线条去区分不同造型，也不管材质、色彩或者图案使用何种平衡效果，最终结果都必须在视觉上具有冲击力，在形式和结构上达到美学上的平衡。这种平衡是设计师面对的最为基础的设计问题之一，为了达到完美平衡，围绕某个主题绘制一张又一张不同设计图的做法可谓司空见惯。

# 速写本任务　Sketchbook task

“如果没有美感，
设计不是单调乏味地重复耳熟能详的陈词滥调，
就是对新奇事物的疯狂争抢。”
——保罗·兰德（Paul Rand，1914－1996）

## 反思对称

开始设计服装的时候，设计师往往难于将人体的对称和平衡抛到脑后。骨架的垂直轴以及左右平均分布构成了潜意识里的模板陷阱，它让你无法摆脱人类体型的平衡性，去进行多样化的尝试试验。这个练习会让你探索不寻常的线性平衡，这种平衡的美学吸引力并不依赖于对称性。将出现在身边环境中的多种线条收集进自己的速写本，你就可以组合非传统的骨架结构，从而为最终的时装设计提供另一种依据。

**1.** 开始着手“追踪收集”自己身边城市环境中的各种非自然线条实例之前，准备一架照相机。你不需要去很远的地方——线条在城市环境中随处可见：道路标线、火车轨道、脚手架、铁艺金属、大铁门等。你的目标是寻找曲线和直线的组合。彼此交叉的线条也将为你提供分界线。从拍摄照片的角度来说，应从多种不同寻常的角度为线条取景加框，这样能收集大量有趣的线性图案。这个任务要达到最佳效果，最好是线条及其背景之间存在强烈反差，从而更加凸显线条的效果。

**2.** 等你回到家里，尽量放大图片，并打印多张图片。也许你要去掉色彩或增强对比度，留下醒目的单色线条。接下来，试着按照图片中的线条切割出一系列的偶然形状。将这些形状收集起来组成象征性的廓型。尝试通过使用弯曲的、对角的、扭曲的或锯齿状的线条来减少标准的垂直和水平的架构。探索利用线条的比例和规律，但始终务必保证持续的线条贯穿于整个构图并将各个部分紧密连接在一起。记得线条通常被描述为一个延长的点。众所周知，艺术家保罗·克利（Paul Klee，1879-1940）补充说明道：“一根线条就是出门散步的一个点。”

**3.** 将这些结果记录在速写本里。

**右下图**

凯利·麦克白（Kayleigh Macbeth，2011）

“格拉斯哥棕榈屋”

“这个植物园坐落于格拉斯哥西部，以其玻璃温室著称。以建筑师约翰·齐博（John Kibble）命名的齐博宫（Kibble Palace）是我最喜欢的两处地方之一，因为它表现了新艺术风格的曲线和形状。这些结构让我得以目睹如此优美的线条和形状。作为时装设计师，我总在想如何将这些特质转化到服装中。我将这些图片的部分进行切割，然后将其重新组合起来，从组合中我可以设想新的廓型。”

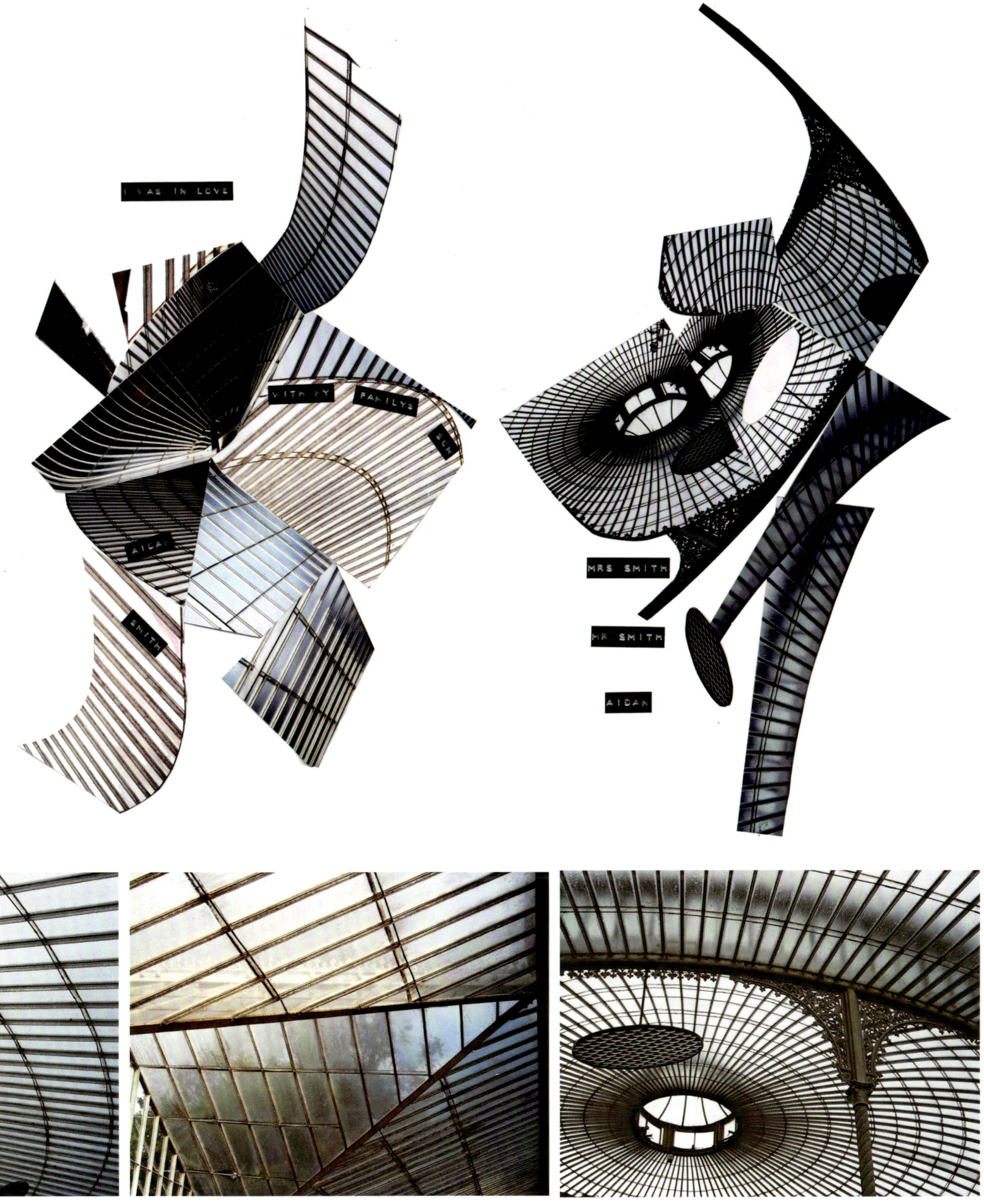

# 速写本任务　Sketchbook task

"今日服装乃工人的工作服。"

——瓦尔瓦拉·史蒂潘诺娃（Varvara Stepanova，1894－1958）

## 保持简单——60秒创作结构主义服装

亚历山大·罗申科（Alexander Rodchenko，1891－1956）和瓦尔瓦拉·史蒂潘诺娃（Varvara Stepanova）这对伉俪是1917年俄国革命前后俄国文化革新的一分子，该运动启动了随后的结构主义艺术运动，对俄国的视觉艺术产生了深刻的影响。他们的原则是普通的男女工人能随时获得艺术，这个原则是驾驭他们信念的前提，最终形成了一种独特的表现主义风格，即将简单的几何形状和大块的色彩组合在一起，并融入戏剧化的字形。他们醒目的风格仍是当今设计师的灵感源泉。最为著名的是，2005年弗兰兹·费迪南德（Franz　Ferdinand）的全英音乐奖最佳摇滚团体"你可以拥有更好的一切"的专辑封面就是采用这种灵感来设计的。苏格兰乐队已经改编了结构主义设计大师埃尔·利西茨基（El　Lissitzky，1890-1941）的1919年苏联的宣传海报《红楔刺白》，用于他们的第五首单曲"这把火火火（This Fffire）"中。

这是一个具有挑战性但收获颇丰的任务，它让你仅仅使用简单的几何线条，而不是传统的图案花纹来尝试服装结构和廓型的非传统设计方法。

**1.**准备一些不同大小的正方形、三角形和圆形的卡纸或者厚重的纸张。试着给每个几何形状涂上不同的颜色。

**2.**运用一个服装人台，粘贴上这些不同造型的几何图形来创建形状交叠的几何组合，不必遵守已有的服装制作要求，如中心开口和袖山位置等。相反，完全靠自己的感觉放置这些形状，只要造型和布局有趣协调即可。如果给每个几何形状的分布规定一个时限效果更好，譬如，60秒的时间限制能让你的想法冲动，自然地涌现出来。

**3.**完成后，在速写本中记录这些新造型，并将它们和相关的参考素材一起，排列在速写本上。

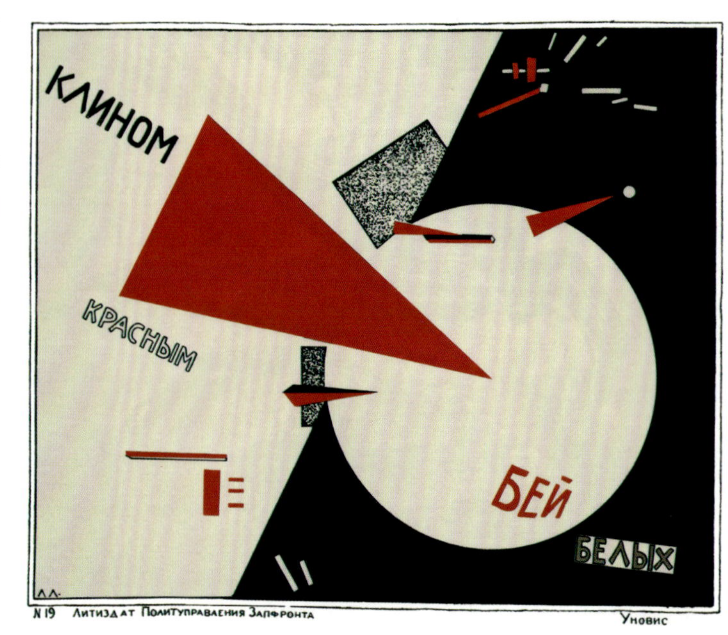

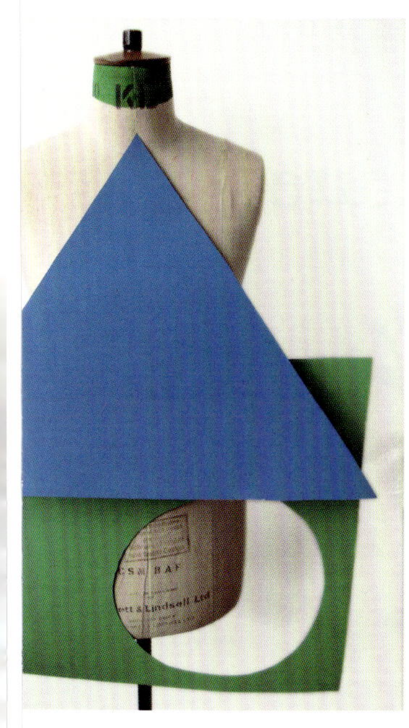

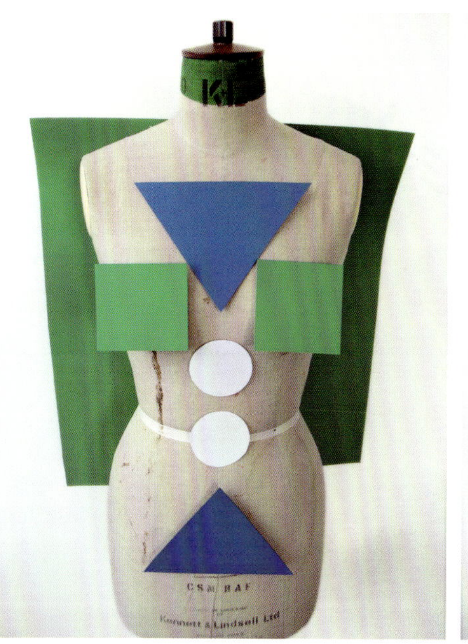

**左页图**

埃尔·利西茨基（1919）

“红楔刺白”

**本页图**

萨姆·威廉姆斯（Samme　Williams，2011）

# 速写本任务 Sketchbook task

"Souper品牌的裙子/无须清洁/无须洗涤/
如果不洗涤或者清洁，它就无须打理/
用加热的熨斗轻轻按压即可恢复它的活力。"
Souper品牌纸裙的商标纸，仿效沃霍尔，属于美国金宝汤公司（1968）

## 随手撕——纸质服装

建立你想象中的立体造型时，纸张可能不是首先想到的媒介，但对于服装设计师而言，纸张具有的特质能够让他们检验新造型和新结构。同一张纸既可以变得僵硬挺括（通过打褶），也可以变得灵活柔韧（撕裂）。不像梭织面料，纸张不会自然磨损，除非亲手弄坏它，而且纸张表面可以通过添加色彩或加热而瞬间发生变化。如果出了错，也很容易用胶带或者胶水进行修复和整理；有必要的话，整个设计过程可以重新开始，因为纸张是相对比较廉洁的材质。不论是使用记事贴还是一卷墙纸，这些作为媒介的纸张都为设计师的实验提供了无穷无尽的益处。

20世纪60年代中期，在美国，继纸巾发明者营销的噱头之后，一次性的纸服装成了昙花一现的时尚现象。A廓型"纸质"裙子用两个引人注目的礼品袋包装，购买者可以获得优惠券，购买其他纸制品。6个月里的时间里，该公司已经收到50多万件服装的订单。这种宽松直筒连衣裙是用纸巾添加人造丝边带来加固的，他们将人造丝边带商标注册为"DuraWeave"。

在较近的时间，侯赛因·卡拉扬（Hussein Chalayan，1970-）从标准的蓝色航空邮件获取灵感，为1998年的服装系列创建了一种"空邮裙"，而三宅一生（Issey Miyake，1938-）运用打褶皱的可循环米纸为材料，雕刻出了连衣裙，并将其纳入了精致复杂的"我要皱褶"系列中。

**1.**以纸张为媒介，创造一系列试验性服装的造型和肌理。也可以像其他任何面料一样对这些纸张进行处理，根据造纸原料的特性来选择适合的工作方法。以相同的方法对不同克重的纸张进行测试，所获得的结果可能会让你大吃一惊。

**2.**把测试结果记录在速写本里。

**右页图**

希拉·玛图扎娜（Hila Martuzana，2011）

"纸韵"

"这四个系列的服装按照四季的自然更替过渡而设计。每个季节的转换涉及各种变化：气候变化、运动变化，节律、知觉，气味和情感。每件服装通过调整不同要素，结合了一年中的两个季节：重复的图案、大小、"高密度聚乙烯"合成纸张的不同分量和不同安排。虽然不是撕裂纸张，但对其进行切割、折叠或者加热从而制作出不同的造型和表面结构。最终服装的缝制体现了纸张各个部分的联系和连续性：对时间的感知即为连续的直线。"

（摄影：盖伊·泽尔特，Guy Zeltzer）

# 速写本任务 Sketchbook task

"不断的重复会增强说服力。"
——罗伯特·科利尔（Robert Collier，1885–1950）

## 多元时尚

20世纪60年代，西班牙时装设计师弗朗西斯科·罗班德·奎尔沃（Francisco Rabaneda Cuervo，1934-）用塑料和金属制成的未来主义服装令自己臭名昭著。这些服装借用珠宝切割技术，模仿中世纪锁子甲简单重复相互连接的造型。弃针线而不用，用金属丝和钳子制作服装。虽然最终制成的一些服装重量超过27千克，但他立马取得了轰动的成功。到1966年，拉巴纳在巴黎开设了自己的专卖店，出售适合穿着的塑料材质的服装，甚至为热爱奇特着装风格的冒险顾客们提供成套服装。他的第一个设计系列被称为"12套现代服装不可穿系列"，这些服装不通过传统的裁剪缝纫来制作，而是直接在人体上成型。可可·香奈儿称拉巴纳为"时装金属制造工"。他的标志性风格随后进入流行文化中，尤其是当奥黛丽·赫本在1967年的电影《丽人行》和简·方达（Jane Fonda，1937-）在电影《太空英雌芭芭丽娜》中穿着他设计的服装后。

虽然于1999年正式退休，拉巴纳的设计理念一直激励着当代时装设计师，如山本耀司（Yohji Yamamoto，1943-）和赫尔穆特·朗（Helmut Lang，1956-）。在英国伯明翰，塞尔弗里奇百货公司里面装饰了超过15，000个闪亮的铝盘，这显然受到了拉巴纳锁子甲服装的灵感启发。

重复运用单个基础部件在时装设计中效果甚佳。以下为一个简单的任务，通过重复单个物品来创造符合拉巴纳风格的面料、装饰或者是配饰品，可以为你的设计作品增添趣味性。

**1.**找一个可以直接使用的3D物品，可以将这个物品进行大量复制。你的工作是要将这些物品集合起来，因此其制作是一种思维过程（或者是一种挑战）。

**2.**将多个部分连接在一起，想想它们能创造出何种结构。然后尝试将这些结构放置在人体的不同位置来寻找最佳点。

**3.**一旦确定了这些结构在人体上令人满意的位置，添加更多的组成部分继续制造面料、装饰或者配饰品，以此来创造服装造型。

**4.**记录从单个部分到最终设计成品的发展过程，并将其记录在速写本中。

**下图**
欧蒂·彼伊（Outi Pyy，2009）
"拉链锯齿腰带"
（摄影：OutsaPop Trashion）

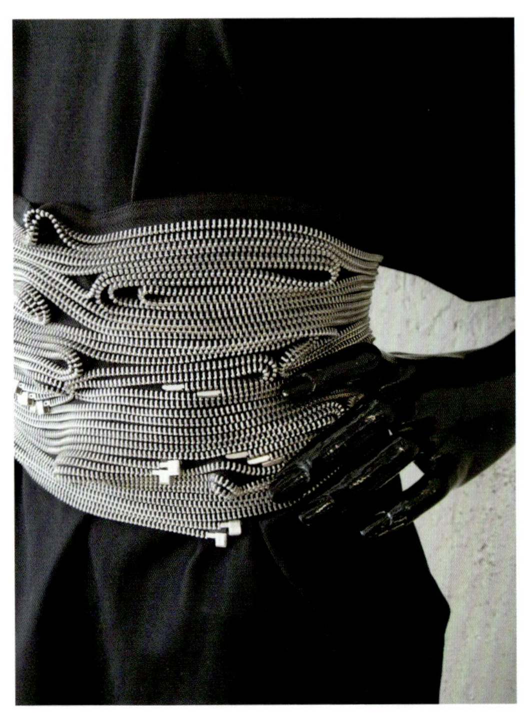

**左图**

劳拉 · 鲍勒（Laura Bowler，2012）

“铅笔领子”

（摄影：戴夫 · 斯科菲尔德，Dave Schofield）

**下图**

凯莉 · 亚历山大（Kerrie Alexander，2012）

“手套手指兜帽”

# Showcase 1

# 案例学习1

**作者：**杰德·伊丽莎白·汉南（Jade Elizabeth Hannam）

**国籍：**英国

**学位：**英国布拉德福德学院

**2010－2011年系列：**“传承之轮”

“我的速写本是实践的理论基础，它是所有设计项目最基本的部分，我每次设计都要以速写本作为基础。我自认为是非常视觉化的人，不论什么东西都会赋予我灵感。有些时候灵感存在于非常异乎寻常之处；它是不受控制，难以驾驭的！我的许多灵感来自于个人生活环境和亲身经历。无论何时开始新的设计项目，我总是以这个问题开始，即‘这对我意味着什么？’要回答这个问题，我需要在书本、照片、物品中调查收集资料，我要去参观画廊和博物馆，去任何可能对我产生影响的地方。若是要给我的设计方法贴一个标签，我会说自己是‘灵感收藏者’！”

我有一个综合型速写本来记录任何我感兴趣的东西；如果不及时进行记录，你不会知道激发新设计理念的思想火花有多么容易被忽视、被忘记。因为我喜欢在设计作品中使用大量的印花图案，我经常用单独的速写本来记录自己的调查结果，那些调查结果可以演变成印花设计。我对速写本非常挑剔。我喜欢A4大小的纸张，良好厚重的纸张，黑色封面，装订成册。

整理好所有的想法后，我会通过绘画和摄影对其进行拓展开发。我使用许多不同的媒介，因为这常会带来关于面料和印花方面的灵感。我的设计可以说以自己的“发现”开始，即主要的研究、情绪、灵感和色彩所组成的灵感板。接着，我开发色彩选择的理念，并通过研究各种趋势、色彩预测和市场调查来开发设计细节。我也开始在人台上堆叠面料来寻找灵感，创作一些自由的造型和廓型。我会拍照记录，并在上面绘图，进一步拓展自己的理念。

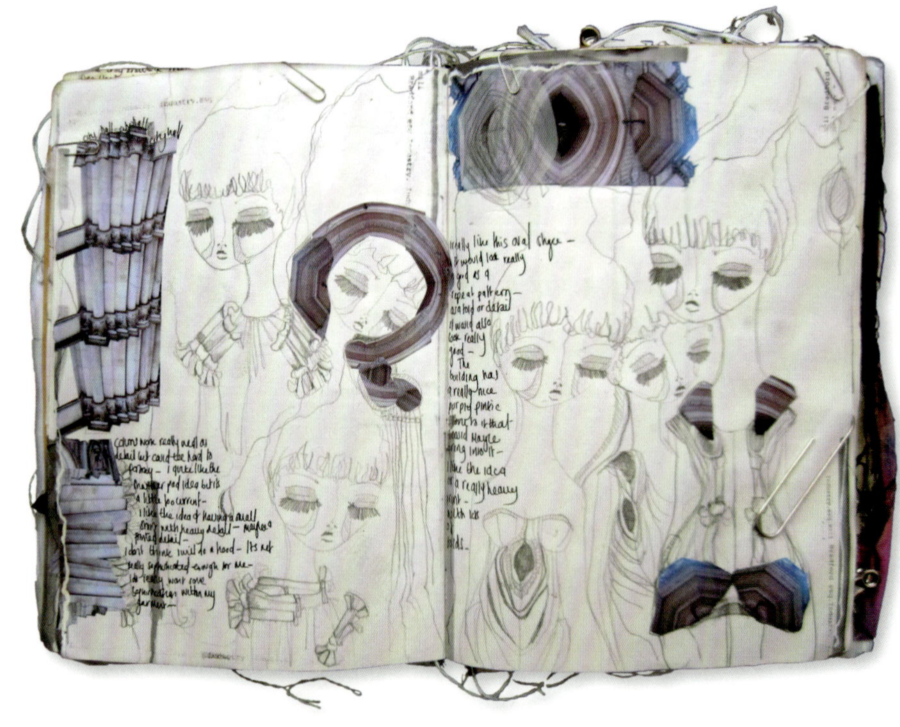

我的“传承之轮”项目以我在布拉德福德的家族史为基础。在1896－1998年间，我好几辈前的曾爷爷是布拉德福德的市长，当时布拉德福德刚刚建市，而且仍被认为是羊毛工业的中心。我走访了布拉德福德市跟我的家族有关联的所有老建筑，收集相关信息。我绘制了部分市政厅、旧工厂和纺织博物馆中所有的羊毛精梳机，将所有细节改编加入到我的速写本中的服装和印花理念中。

我认为我的速写本是设计项目的中心所在；所有一切都在速写本上开始，然后才慢慢地成为最终成品。我的速写本让我得以探索什么行得通什么行不通。它让我能够记录我的各种测试和试验，这在所有设计中都至关重要。速写本提供了一个机会，让人得以探索自己的艺术语言，辅助解决问题，并让人能够反思个人的能力发展。

The shapes on the city hall are so intricate, I really like the detail around the windows — I really like the repetition of the details - This would look really good as a print.
I really like the architecture here - it's really interesting -
To further my research into the past of my family I went to the city hall to see if they had any information on Thomas Speight — I decided to take some inspiration from the building itself because it's so beautiful — There is so much detail I can do from the
The architecture is so detailed.
city hall -
The door way is very inspirational, the shape is lovely I quite like the carried on lines — There is so many details within this building.

# 第二章

## 调研：去何处寻找参考素材？

## Investigation: where to find your reference?

“没有什么是原创的。你可以在任何地方‘窃取’灵感，只要可以和你的灵感共鸣或者激发你的想象力即可。要如饥似渴地从各种地方汲取灵感，比如老电影、新电影、音乐、书籍、绘画作品、摄影作品、诗歌、梦想、随机谈话、建筑、桥梁、路牌、树木、云朵、水体、光线和阴影。仅选取能够与你的灵魂直接对话的东西来‘窃取’灵感。这样做，你的作品（和“窃取”之物）将是真实有据的。真实性极为宝贵，而独创性并不存在。不要费力隐藏自己窃取的东西，如果喜欢自己的所获就要对其公开展示。无论如何，都要劳记吕克·戈达尔（Jean-Luc Godard）的话：‘重要的不是你从何处拿走什么，重要的是你将其带往何处。’”

——吉姆·贾木许（Jim Jarmusch，1953-）

现在你已经了解了成功的速写本需要什么，你应该学会从何处去寻找，来获得灵感和想法。一旦明白去何处寻找，你会发现直观的视觉参考素材易于获得，数量丰富。它就在那儿，已经成熟，等待着采撷，而你只需要把它记在速写本上。

本章将确定为时装设计师提供有用资源的关键领域。进行研究有两种基本方法：一手资料调研和二手资料调研。基本的研究方法是进行一手资料的收集，通常是通过绘画或摄影。每个设计师对此会注明来源并进行记录，因此这是带有主观性的个人选择。随着一手资料调研的进行，在这个过程中，你总能收集到一些实实在在的可触摸的艺术品，可以丰富记录过程。在大多数时装设计师的速写本中，这些提供独特的“触动、煽情”的元素普遍存在。

第二种方法，即二手资料调研，是识别并参考、利用别人的研究成果，这是收集参考资料的最佳方式，特别是无法亲眼看见或者不易获得的资料（例如重大事件、历史数据、私人收藏等）。没有孰优孰劣之说，这两种方法组成了设计师研究之旅的一个部分。虽然轻点鼠标，高清晰度的网络摄影机可以立即打开电脑页面，让人看到异国他乡及其气候状况，但是这只能报告冷冰冰的事实。要记住，永远无法完全通过计算机屏幕来传达某个物理环境的味道、气味和气氛。

收集有关理念、感觉和灵感信息的时候，一名出色的设计师会自然而然地使用这两种方法。

除了在字面意义上引导你对时装的调研，也有必要将视线从时装上离开，这样你可以把一些新鲜的信息加入自己的设计中。侯赛因·卡拉扬说：“拥有更多无关时装的经历，你的设计将更为丰富。”

**左页图**

伦敦康登镇（Camden）

（摄影：康拉德·杰姆斯·道尼，Conrad James Dawney）

在世界各地，大多数城市有很多古董市场和二手市场，其数量不断增长，这对时装研究者们来说非常有价值，他们可以在其中探索发掘珍品。规模最大、最著名的跳蚤市场是巴黎的克里尼昂古尔（Clignancourt），面积有7公顷，其正式名称为“les Puces de saint-ouen”，但享誉世界的名称为Les Puces（跳蚤市场）。

**上图**

巴黎“跳蚤市场”（Les Puces）

（摄影：朱利安·福凯，Julien Fouche）

# 一手来源　Primary sources

## “真希望你来过这儿”——文化意识

“当我发现了摩洛哥的马拉喀什，
它给了我一种非凡震动。
这座城市教会了我如何使用色彩。”
—— 伊夫·圣·洛朗

艺术家和设计师们都会通过探索和发现不同的传统文化，将崭新的见解和造型带入自己的作品。众所周知，巴勃罗·毕加索（Pablo Picasso，1881-1973）从非洲面具中汲取灵感，塔希提文化对保罗·高更（PaulGauguin，1848-1903）的画作产生了改变生活的影响。

一趟文化之旅是最愉快也是最有意义的一种手段，能够丰富个人经历并储存大量有价值的灵感，以供将来参考。如今，更加便捷的低价旅游赋予所有人以难得的机会，能够获得不同的文化和不同生活方式的第一手资料。大多数学校和大学都充分利用经济实惠的旅行来获得一手资料。如今学校课程也包括出国文化之旅。

设计师们经常周游世界，参加国际贸易展览会和研讨会也是旅行的一部分。他们看到不同生活方式所明显呈现的视觉惊喜，这些视觉惊喜表现为民族服装或者区域建筑风格，除此之外，还有不同文化环境为设计师们提供的无形的方方面面。

出现在现场并充分享受当地特色是无与伦比的体验，务必在速写本中对其进行记录整理，食物、旅行、地理环境和夜生活，这些是特定区域的旅游经营者们热衷于强调的特色。这些方面也是有价值的因素，设计师可以进行现场记录，并对其加以利用和借鉴。

**上图和右图**

纽约每年复活节帽子游行（摄影：杰富利·格茨，Geoffry Gertz）或者越南高台寺庙的宗教仪式（摄影：莉莲娜·罗德里格斯，Liliana Rodriguez）之类的庆祝活动，为渴求文化的旅行者提供了无限的研究潜力。

**右页图**

凯莉·让·艾伦（Kayleigh Jean Allen，2011）
一次柏林之旅所收获的视觉感受，收集在速写本中。

来中国观赏新年庆祝活动的喜庆表演，亦或观看里约热内卢或伦敦诺丁山的狂欢节游行，不仅仅是享受一场视觉盛宴，也让自己浸润在悠久的文化传统氛围中——无形的声音和气味，以及感官和情感上的刺激。同样，传统的日本茶道的宁静和舞蹈艺术般的礼仪、拉丁美洲和西班牙的热力四射富于感染力的舞蹈仪式，最好都去亲身感受体验一下，并使用多种基本研究方法对所获得的第一手资料进行记录。

“越是孤立于世界的其他部分，你就会越好奇；而越是好奇，你就更希望发现更多。我一直都是一个天生好奇的人，这更加剧了这种孤立。”
——侯赛因·卡拉扬（Hussein Chalayan）

可能在当时，这些经验和感受并不能立刻传递什么直接的讯息，但是身临其境地体会文化差异，体验国外地域差别的大好机会，不能被低估成简单地度假拍照。除了绘图或使用相机来捕捉和记录你的各种邂逅，收集旅途中的点点滴滴也一样重要，譬如收集旅游门票和地图、食品包装和标签、当地报纸和货币、邮票和古董明信片等。以后你查看自己收集的成果时，你会发现这些成果都可以为你的经历注入新的活力。

**左图**

奥尔加·沃克拉沃（Olga Vokalova，2011）

为了后续的设计开发，把去巴黎的一次短途旅行的收获整理记录在这个速写本上。

**右图**

汉娜·多德（Hannah Dowds，2009）

用速写本作为存储库来收集怪异和奇妙的东西。抽象派表现主义画家汉娜·多德（Hannah Dowds，1880-1966）说："我们通过视觉来感受整个世界，它通过色彩的秘境进入我们的思想。"

| 世界十大流行旅游城市及其标志性建筑 |
| --- |
| 美国西雅图<br>标志性建筑：太空针塔 |
| 美国旧金山<br>标志性建筑：金门大桥 |
| 美国纽约<br>标志性建筑：帝国大厦 |
| 法国巴黎<br>标志性建筑：艾菲尔铁塔 |
| 西班牙巴塞罗那<br>标志性建筑：圣家族教堂 |
| 英国伦敦<br>标志性建筑：特拉法加广场 |
| 意大利罗马<br>标志性建筑：斗兽场 |
| 意大利佛罗伦萨<br>标志性建筑：花之圣母大教堂 |
| 意大利威尼斯<br>标志性建筑：圣马可广场 |
| 澳大利亚悉尼<br>标志性建筑：悉尼歌剧院 |

## 学会观察：观察性绘画

绘画是获得第一手研究材料最直接、最方便的方法。观察并通过绘画来记录视觉刺激是所有设计师的必备技能。虽然每个人的绘画方式千差万别，但大多数的设计师以一手资料研究中所进行的细致入微的观察性绘画开始自己的研究工作。在集中注意力进行绘画的过程中，设计师被迫仔细观察事物，提高了感知力和观察力。绘画提供了一个简化视觉世界错综复杂性的手段。

“如果我们还无法在耳朵里插上USB来直接下载头脑中的想法，那么绘画仍然是将视觉信息记录到纸面上的最佳方式。”
——格雷森·佩里（Grayson Perry，1960–）

观察性绘画关乎捕获生活中的现实——关乎人、物和环境。没有必要重申2D概念，本来一切就是单调扁平的。

毋庸置疑，时装设计师可以通过观察性绘画孕育新的想法，因为观察性绘画本身就是一个自发的供给装置和联系通道。最佳情况是，观察性绘画进行真实记录，不会更改主题本身，但显而易见，这必定需要设计师具有良好的应对能力和阐释能力。

为画稿加注并撰写评论也同样具有重要价值。速记笔记不仅仅是记录日期和地点的实际数据，也是设计师记录彼时情感和经验的好机会。

对人体进行写生是由来已久的传统艺术训练的基本功，并被认为是具有其自身特点的艺术形式。大多数艺术家仍然认为这是学习绘制人体三维形状和轮廓的最真实、最可靠的方法。

**右页图**
杰弗里·格茨（Geoffry Gertz，2011）

**左图**
米根·莫里森（Meagan Morrison，2010）

大多数艺术院校里一直将人体写生课程保留下来，作为教学课程中的一部分。对于时装设计师和插画师来说，人体写生课程提供了一个完美的机会，让学生去熟悉人体基本的结构，了解不同的姿势和比例。然而，绘制着装人体也同等重要。作为时装设计师，观察性绘画可以让你了解面料肌理以及面料在人体上的垂坠效果，提供不可或缺的平面意识。

着装人体写生也是时装设计师进行研究的必备技能，因为这让他们能够深入了解调研和后续时装画中所需的三个要素，即色彩、廓型和肌理。近距离的观察性绘画能揭示服装的组成和结构。

持续的观察性绘能建立必要的自信心，也有利于着手从事其他类型的绘画工作。绘画是所有未来任何绘画风格和方法的起点。

“我真的从三岁开始绘画。我从小学到中学，可以说这一生都一直在绘画。我一直一直想成为一名设计师。我从12岁起开始阅读时装方面的书籍，关注设计师职业。我当时就知道乔治·阿玛尼（Giorgro Armani）是一个橱窗设计师，伊曼纽尔·温加罗（Emanuel Ungaro）是一个裁缝。”

——亚历山大·麦昆

**右页图**

在纽约西部乡村中心每月举行的艺术交流会上，设计师、插画家和艺术家在对模特进行写生。

（摄影：克里斯托弗·穆舍，Christopher Musci）

**左图**

克里夫得·福斯特（Clifford Faust，2011）

| 十位有影响力的人像艺术家和画家 |
| --- |
| Cout Balthasar Klossowski de Rola（Balthus）巴尔蒂斯（全名Balthasar Klossowski de Rola，波兰/法国艺术家，1908-2001） |
| Kenyon cox（凯尼恩 · 考克斯，美国画家，1856-1919） |
| Edgar Degas（埃德加 · 德加，法国画家，1834-1917） |
| Lucian Freud（卢西恩 · 佛洛伊德，英国画家，1922-2011） |
| Tamara de Lempicka（塔玛拉 · 德 · 蓝碧嘉，波兰画家，1898-1980） |
| Leonardo di ser Piero da Vinci（达芬奇，意大利画家，1452-1519） |
| Edouard manet（爱德华 · 马奈，法国画家，1832-1983） |
| Michelangelo di Lodovico Buonarroti Simoni（米开朗基罗，意大利画家，1475-1564） |
| Ilya Yefimovich Repin（伊利亚 · 列宾，俄罗斯/乌克兰艺术家，1844-1930） |
| Egon Schiele（埃贡 · 席勒，奥地利画家，1890-1918） |

## 超越历史：博物馆

“还是一名学生的时候，我在博物馆里花了很多时间做笔记。
如今我的知识增长了，在许多不同的地方发现灵感。”
——瓦伦蒂诺（1932–）

与以往任何时候相比，现代的艺术家和设计师更需要熟悉过去，才能更好地理解当代艺术与实践，而博物馆自然成为必经之所，可供所有见多识广的时装设计师进行研究工作。无论是探寻某个特定的设计任务或者只是随意悠闲地观看，众多的博物馆和画廊一直为敏而好学的设计师们进行一手调研提供了丰富的参考资料。它们就像一个阿拉丁宝藏，里面满是神奇之物和视觉享受，有时候由于藏品数量规模巨大，让人觉得魅力无穷，无法抗拒。

伦敦的维多利亚阿尔伯特博物馆、巴黎卢浮宫或纽约大都会博物馆的巨大资源使它们成为令人敬畏的重要机构，其文化和历史重要性无与伦比。这些博物馆的收藏令人叹为观止，对任何设计相关的调查研究工作具有无比的魅力。对研究人员而言，唯一的难题在于如何破译如此巨量的视觉材料。

**右图**

2011年新加坡国家博物馆举办了名为《美丽黑色》的展览，该展览旨在探讨现代时尚中黑色的标志性地位以及黑色对消费者和时装设计师的持续吸引力。展出了从20世纪50年代至21世纪初由西方著名时装设计师设计的裙装，包括巴黎世家、皮尔·卡丹（Pierre Cardin，1922–）、卡尔·拉格菲尔德和阿瑟丁·阿拉亚（Azzedine Al-aTa，1939–），也展出了新加坡本土设计师本尼·翁（Benny Ong，1949–）和托马斯·魏（Thomas Wee）的设计作品。

（摄影：新加坡国家博物馆）

要想进行更多的专业研究，世界各地的时装博物馆可以提供更集中的展品。巴黎的时装艺术博物馆（The Musee de la Mode et du Textile）拥有世界上最大的戏服和时装藏品。但是，只有经常参观他们举办的展览，才能见到其所有藏品及全部内容。纽约时装学院博物馆（MFIT）是纽约市唯一的博物馆，专门致力于时装艺术。这个博物馆收集了超过50，000件的服装和配饰，时间跨度从18世纪直至现代。和其他的时装博物馆一样，比利时安特卫普的安特卫普时装博物馆（MoMu）、智利圣地亚哥博物馆以及纽约时装学院（FIT）博物馆，都收集、整理、归档和公开展览各种藏品，为未来的研究人员提供了便利。

“前一阵子，我意识到，
通过探索前辈们巨大的成就，
我会发现崭新的事物。也就是这样，
人们认为我是革新者。”
——薇薇安·韦斯特伍德

安特卫普时装博物馆（MoMu）越来越有规律地举行致力于单个时装主题或设计师的专题展示。英国巴斯的时装博物馆是一个规模较小的机构，但其收藏展览的古装同样意义重大。有些博物馆专门展示服饰组件，譬如，伦敦的格林威治扇子博物馆、德国瓦尔特豪森的钮扣博物馆。不论这些博物馆的规模或者专项如何，所有博物馆都具有极大的潜力，能为设计师提供一手资料，让他们有机会去欣赏过去设计师们的工作方法。在这些地方，设计师们可以思考单件服装或者套装的搭配，可以欣赏时装设计中服装的样式、材质、剪裁、制作过程和制作理念。

**右图**

2011举办的“时装博物馆的幕后”这一活动给去巴斯的参观者提供了一个机会，让他们能够亲眼目睹一系列的按照时间先后顺序展示的馆藏古装。博物馆馆长罗斯玛丽·哈登（Rosemary Harden）说：“我们先让参观者简单浏览一下展品，然后邀请他们进入博物馆幕后的贮藏室。市政会时装博物馆里的藏品数量庞多，珍品不胜枚举，这是一个分享藏品信息的非常新颖的方式，向参观者传递电影《纳尼亚传奇》般的奇幻感觉。参观者们走进了有史以来最大的衣柜，其藏有至少100年以来的古装。”

（图片由巴斯和东北萨默塞特理事会拍摄）

Spring 2010
in collaborati
and with the support of
ALEXANDER McQUEEN: SAVAGE BEAUTY
ALEXANDER McQUEEN: SAVAGE BEAUTY
is made possible by MCQUEEN
support provided in partnersl ip with AMERICAN

虽然大多数的博物馆展示古装或者拥有专门的古装展示馆，怀旧的大牌设计师在博物馆举行时装艺术回顾展日渐流行。比如2003年，乔治·阿玛尼（1934-）回顾展在伦敦皇家科学院展出，山本耀司的装置展览2011在维多利亚阿尔伯特博物馆举办，这些展会都引起了广泛的关注。2011年亚历山大·麦昆在纽约大都会艺术博物馆举办的《野性之美》展览，这次展览是该博物馆历史上第八次参观人数最多的展览，超过66万人次，使其与之前的“图坦卡门珍宝展”（1978）和“蒙娜丽莎展”（1963）相提并论。

| 值得参观的十大国际美术馆 |
| --- |
| 维多利亚和阿尔伯特博物馆<br>英国伦敦克伦威尔路 |
| 时装博物馆<br>英国巴斯贝内特街 |
| 大都会艺术博物馆<br>美国纽约第五大道1000号（82街） |
| 史密森学会库珀·休伊特国家设计博物馆<br>美国纽约东第91街第五大道 |
| 卢浮宫<br>法国巴黎卢浮宫 |
| 时装艺术博物馆<br>法国巴黎里沃利街 |
| 安特卫普时装博物馆（MoMu）<br>比利时安特卫普民族大街（Nationalestraat） |
| 米兰三年展设计博物馆<br>意大利米兰Viale Alemagna |
| 皮蒂宫服装展馆<br>意大利佛罗伦萨 |
| 京都服装研究所（KCI）<br>日本京都Shichi-jo Goshonouchi Minamimachi |

**左页图**

为纪念亚历山大·麦昆在纽约大都会艺术博物馆举办的“野性之美”展览，美国知名的奢侈品百货精品店Bergdorf Goodman将第五大道所有的橱窗用于展示麦昆的珍藏品。

（摄影：莫林·吉多，Maureen Guido）

**右图**

“冲击：美国时装设计师协会（CFDA）的50年”于2012年在纽约时装学院博物馆（MFIT）举行，为期三个多月的展览，展示了过去50年里CFDA最有影响力的设计师作品。

（图片由MFIT提供）

## 此时此刻：自然世界和城市环境

毫无疑问，当今，自然环境和人造环境是设计师对批判意识进行研究和拓展的宝贵资源，应该尽可能地充分利用。从历史上看，很明显，自然界是艺术家和设计师的灵感来源。从旧石器时代的壁画到安迪·高兹沃斯（Andy Goldsworthy，1956-）的大地雕刻艺术，自然资源的装饰价值和物理形状得到充分利用。他们激发了艺术和设计中新颖有趣的创意。如今，工程师和产品设计师们运用仿生学，直接从自然中学习，让自己的设计更高效，更加优美，具有可持续性。

“时尚不仅仅是存在于连衣裙中的什么东西。时尚在天空中，在街道上，时尚必须与想法理念、我们的生活方式以及正在发生的一切息息相关。”

——可可·夏奈尔

造型和结构具有重要涵义，除此之外，对时装设计师而言，对自然最巧妙的利用在于它能提供不可思议的色彩和美妙的图案。无须依赖理论或者图表，这种随季节自然变化的色调和图案是自然和谐、平衡的完美参照。同样，大自然中花开花谢，这个过程也能启发各种各样的织物结构和面料装饰手法。亚历山大·麦昆说：“我一直非常热爱大自然的有机体系，它或多或少地启发了我的设计。”

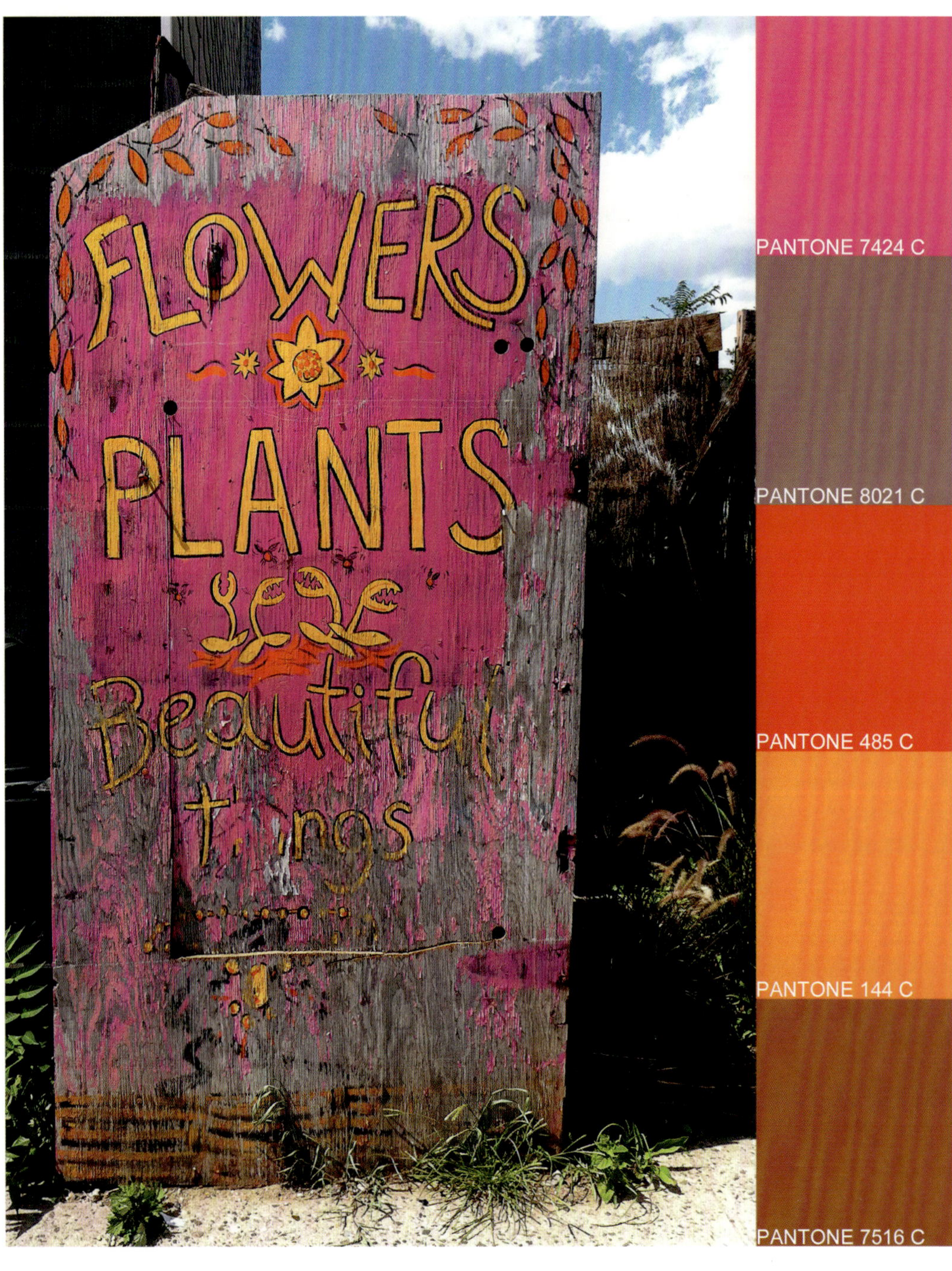

**上图**

弗洛斯亚（Florentsya，2010）

在速写本中收集自然界的信息，这种做法可以为今后的设计开发提供无穷的参考资料。

**右图**

爱奥瓦·奥腾（Elvan Otgen，2010）

**左页图**

布鲁克林，威廉斯堡

自然界是一个源源不断的源泉，可以激发色调平衡的灵感。

（摄影：杰弗里·格茨，Geoffry Gertz）

时装与人造环境一样，会随着时间的推移发生变化，并且很容易根据特定时期的言行举止和风格造型而分门别类。时装与建筑有相通之处，他们都要处理结构和造型，并采用人体作为其参考点。按照功能识别建筑物，这种识别方式与根据功能和用途为服装贴标签大同小异。建筑物的外部轮廓常常反映在那个时期的时尚着装风格中。有趣的是，皮埃尔·巴尔曼（Pierre Balmain，1914-1982）和詹弗兰科·费雷（Gianfranco Ferre，1944-2007）都曾学习过建筑设计。现代的建筑师们已开始借用服装的术语（打褶、立体裁剪，折叠等等），而时装设计师们也利用建筑原理来构建服装，如川久保玲（Comme des Garcons）、马丁·马吉拉（Martin Margiela）、侯赛因·卡拉扬（Hussein Chalayan）和维果罗夫（Viktor & Rolf）品牌。

城市景观中不同风格的建筑不仅是宝贵的灵感之源，还提供有关城市底蕴和未来的文化线索。建筑物的轮廓、体积和质感的涵义可以很轻易地转化为时装语言。任何现代城市空中轮廓线的流线形摩天大楼以及安东尼·高迪（Antoni Gaudi，1852-1926）在巴塞罗那设计的有机建筑，再或者是北京建筑物的新旧混搭，都提供了建筑形式上对比的设计方法，不断地赋予服装设计以灵感。

追随一次纽约之旅的步伐，桑德拉·罗德斯（Zandra Rhodes，1940-）在速写本上详细记录并绘制了纽约城林立高耸的建筑，这些画稿直接影响了她的“曼哈顿系列”，该系列的特色为珠绣的帝国大厦和克莱斯勒大厦。

**上图**

马来西亚吉隆坡的双子塔

马来西亚88楼的摩天大厦，雄踞世界最高的双子塔，特色为各种戏剧性的城市建筑结构，可以非常容易地演绎到服装结构与纸样中。

（摄影：莉莉·罗德里格斯，Liliana Rodriguez）

**下图**

西班牙巴塞罗那的“米拉之家”

（摄影：克劳斯·多尔，Klaus Dolle）

安东尼·高迪（Antoni Gaudi）为“米拉之家（La Pedrera）”设计的波浪形石头外立面是典型的独特有机建筑架构，自然地融入巴塞罗那城。如今，它仍然是当代设计师永恒的灵感源泉。

| 不同风格的城市建筑 |
|---|
| 加拉楼（Torre Galatea，西班牙菲格雷斯） |
| 斜楼（Krzywy Domek，波兰索波特） |
| 螺旋森林（Waldspirale，德国达姆施塔特） |
| 篮子大楼（The basket building，美国俄亥俄州） |
| 67号栖息地（Habitat 67，加拿大蒙特利尔） |
| 立体方块屋（Cubic house，荷兰鹿特丹） |
| 跳舞大楼（Dancing building，捷克共和国布拉格） |
| 柳京饭店（Ryugyong hotel，朝鲜平壤） |
| 古根海姆博物馆（Guggenheim museum，西班牙毕尔巴鄂） |
| 北京国家体育场（中国北京） |
| 沃尔特·迪斯尼音乐厅（美国洛杉矶、加利福尼亚州） |
| 亚特兰蒂斯棕榈酒店（阿联酋迪拜） |

| 十大自然界的景观 |
|---|
| 大堡礁（澳大利亚） |
| 亚马逊雨林（南美） |
| 黄石国家公园（美国怀俄明州、蒙大拿州、爱达荷州） |
| 尼亚加拉大瀑布（加拿大/美国边境） |
| 卡尔斯巴德洞穴（美国新墨西哥州） |
| 大峡谷（美国亚利桑那州） |
| 委内瑞拉安赫尔瀑布（委内瑞拉） |
| 巨人之路（英国北爱尔兰） |
| 乌鲁鲁（艾尔斯岩）（澳大利亚北领地） |
| 珠穆朗玛峰和喜马拉雅山（尼泊尔/中国西藏边境） |

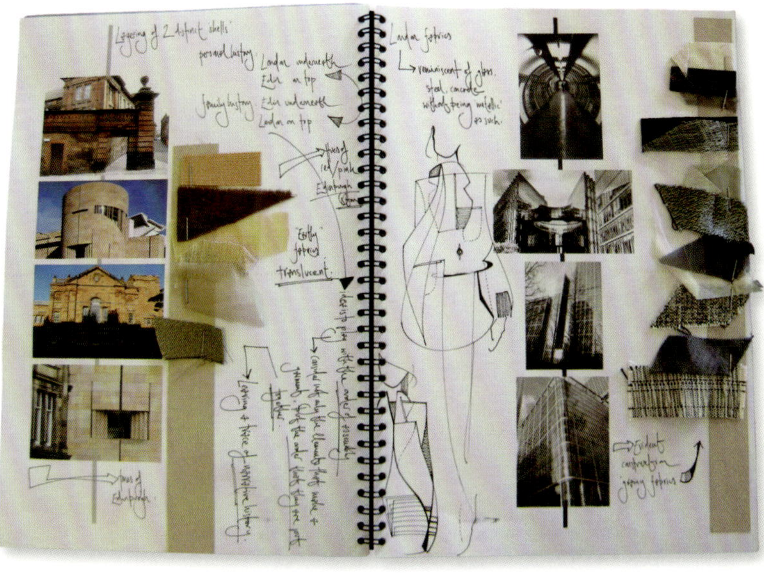

**上图**

桑德拉·阿斯旺（Sandra Azwan，2012）

**下图**

路易斯·班尼特（Louise Bennetts，2012）

无论古老还是现代，城市建筑的韵律和结构都可以很容易地转换为服装结构和面料灵感。

# 二手来源 Secondary sources

## 屏幕上的时尚——电影和电视

> “我观看了电影《阿凡达》，同大家一样，认为这部电影新奇非凡。
> 从此之后，我开始思考自然、生态环境以及拉丁美洲热带地区。那里距离墨西哥不是很远。”
> ——让·保罗·高提耶（Jean Paul Gautier）

时尚与流行大众文化的交叉是不言而喻的。在流行音乐界，它们甚至共享同样的标签（朋克、新浪漫派、垃圾摇滚等）。电影和电视时尚潮流产生了更为广泛的影响，风头甚至盖过了那些高级时装精英设计师们。

这是收获颇丰的研究领域，显而易见，时尚融入主流大众媒体娱乐节目。例如，与时尚电视节目秀Dynasty的每周互动，这个节目最初在20世纪80年代通过美国有线电视HBO的《欲望都市》进行广播，从20世纪90年代末一直到2004年，它展示了一种完全时尚的概念，被全球时尚达人和设计师迅速加以改编。

时装设计师跨界从事电影业并不罕见。例如，克里斯汀·迪奥的阿尔弗雷德·希区柯克的（1899-1980）《欲海惊魂》（1950年）；可可·香奈儿的阿兰·雷奈的（1922-）《去年在马伦巴》（1961）；拉尔夫·劳伦的《了不起的盖茨比》（1974）；乔治·阿玛尼的《美国舞男》（1980）和《铁面无私》（1987）；让·保罗·高提耶的《第五元素》（1997）。电影业以拥有自己的戏服设计圈子而引以为豪，他们为影星穿衣打扮的同时也进一步开创了自己的时尚风格。

20世纪三四十年代，阿德里安（Adolph Greenberg，1903-1959）在米高梅电影制片公司设计的奢华晚礼服（他也负责设计了《绿野仙踪》的宝石拖鞋）或者是伊迪丝·海德（Edith Head，1897-1981，他共获得35次最佳服装设计奖提名，8次夺得奥斯卡奖）在派拉蒙电影公司和环球电影公司比较内敛的风格设计，都无不证明了时尚与电影的共存。

影星简·方达在《太空英雌芭芭丽娜》电影中的未来主义服装和基恩·罗登贝瑞（Gene Roddenberry，1921-1991）主演的《星际迷航》中的影视形象对20世纪60年代女性的着装产生了持久的影响。而与之完全相反的是，黛安·基顿（1946-）在《安妮·霍尔》（1977）电影里的中性假小子的风格直到20世纪80年代占主导地位。同样在80年代，由于电影《名扬四海》，时尚街舞服装十分流行，而汤姆·克鲁斯（1962-）和基努·里维斯（1964-）在电影《壮志凌云》（1986）和《黑客帝国》（1999）中的装扮，使得护目镜成为男性时尚的重要配饰。

**下图**

Avanti Bidikar（2011）

孟买的印地语宝莱坞影片为时装提供了无止境的色彩和题材方面的灵感。

**上图和左图**

菲·米勒德（Fay Millard，2012）

“绿野仙踪”

20世纪一些流行文化的重要偶像都归功于好莱坞。

"People Think I'm a Monster"
The Life and Career of Alfred Hitchcock

Off an actual bird!
feathers
feathers
lots of feath
blue?
I love feathers
lots of volume movement.
oh my beautiful feathered friend
dance with me...
my feet haven't touched the ground.
WOW look at how the skirt hangs.

Scene from Hitchcocks 'Sabortage' 1942.
The Birds
Lost. wilderne alone. Bleak.
ture. layered. Sections. Black.
thing I've been thinking of.
Ruffles. feathers. volume. black.
feminine. texture. Structure.
Shapes. Sharp claws. lines. fit.
frills. colour. trims. lengths.

Birds.
Crows
The man him self - alfred hitchcock.
Scene from Hitchcocks 'Sabortage' 1942.
The Birds
Lost. wilderne alone. Bleak.

过去经典电影中的偶像造型是当今名人风格的先导，忠实的追随者们一直在尝试效仿自己喜爱的明星，以此紧跟时尚潮流。美国电影演员、海报女郎维罗妮卡·莱克（Veronica Lake，1922-1973）传奇般的“躲猫猫发型”（peek-a-boo）在20世纪40年代受到广泛模仿。后来，她被要求改变发型，因为这种发型在当时的许多战时工厂中引起事故。1994年，乌玛·瑟曼（Uma Thurman，1970-）在昆汀·塔伦蒂诺（Quentin Tarantino，1963-）的《低俗小说》中不对称的波波头造型的塑造，使得香奈儿胭脂红指甲油在电影发行后的一年里卖到脱销。同样，因为凯瑟琳·赫本（Katharine Hepburn，1907-2003）在《育婴奇谭》（1938）中穿过女式裤装，使这一款式的销量在电影上映后翻了两番。在50年代中期，受主演詹姆斯·迪恩（James Dean）在电影《养子不教谁之过》（1955）里的穿着打扮的巨大影响，白色T恤的销售大幅增加。詹姆斯·卡梅隆（James Cameron，1954-）的《阿凡达》不仅影响了让·保罗·高提耶（Jean Paul Gaultier）2010年的春夏设计系列，也影响了2010年3月*Vogue杂志*有关时尚的10个页面的内容。2009年，古驰（Gucci）过去的创意总监、如今的新手导演汤姆·福特（Tom Ford，1961-）执导了他的处女作《单身男子》。就这样，时尚和电影完成了一个循环。

**上图**

凯莉·麦克白（Kayleigh Macbeth，2008）

胶片电影极富魅力的历史中的经典电影造型很容易被现代设计师进行重新演绎。

**右页图**

汉娜·多德（Hannah Dowds，2011）

电影导演如阿尔弗雷德·希区柯克（Alfred Hitchcock）、约翰·福特（John Ford，1894-1973），蒂姆·伯顿（Tim Burton，1958-）和巴兹·鲁尔曼（Baz Luhrmann，1962-），根据他们特有的隐喻性影像风格，可以立即辨认出他们的作品。

| 十大电影时尚偶像 |
| --- |
| 《蒂凡尼的早餐》（1961）中的霍莉·戈莱特丽（奥黛丽·赫本饰） |
| 《邦妮和克莱德》（1967）中的的邦妮·帕克（费·唐娜薇饰，Faye Dunaway，1941-） |
| 《爱情故事》（1970）中的珍妮弗（阿里·麦克格罗饰，Ali MacGraw，1939-） |
| 《了不起的盖茨比》（1974）中的杰伊·盖茨比（罗伯特·雷德福饰，Robert Redford，1936-） |
| 《安妮·霍尔》（1977）中的安妮·霍尔（黛安·基顿饰，Diane Keaton） |
| 《周末夜狂热》（1977）中的托尼（约翰·特拉沃尔塔饰，John Travolta，1954-） |
| 《美国舞男》（1980）中的朱利安·凯（理查·基尔饰，Richard Gere，1949-） |
| 《走出非洲》（1985）中的凯伦·布里森（梅丽尔·斯特里普饰，Meryl Streep） |
| 《寻找苏珊》（1985）中的苏珊（麦当娜饰，Madonna，1958-） |
| 《欲望都市》（2008）中的凯莉·布拉德肖（莎拉·杰西卡·帕克饰，Sara Jessica Parker，1965-） |

## 书架上的资源：图书馆、书籍和杂志

“书籍是精装的药品，没有过量用药的危险。

我甘当书籍的受害者。”

——卡尔· 拉格菲尔德（Kal Lagerfeld）

有句老话是这样说的，“图书馆里的知识是免费的——你只需携带自己的容器”。在互联网时代，现代设计师实在是太容易忽视图书馆，会觉得图书馆已经过时和陈旧。

今天的图书馆已经发生了巨大的变化，它们曾经扮演的传统角色，随着技术的发展和人们的需要及期待而不断发展。在历史上，图书馆为研究工作提供支持，它不仅仅是庞大数量的图书和期刊组成的资源库，同时也为研究人员提供了安静的工作空间。几乎每一个城镇都保留了当地的公共图书馆，但大城市的图书馆更适合设计师使用。

各高校都拥有自己的专属图书馆以支持学校的不同研究方向。开设时装课程的艺术院校通常为在读学生提供各种各样的大量参考资料：图书、期刊、画册、设计档案、DVD和数字资源。

**左图**

西雅图公共图书馆

（摄影：克里斯托弗 · 麦克丹尼尔，Christopher C. Mcdaniel）

**右页图**

大英博物馆阅览室

（摄影：劳埃德 · 伯奇尔，Lloyd Burchill）

整个20世纪，图书馆一直与时俱进，满足了研究者们不断变化的需求。尽管在有历史意义的建筑里，传统的档案依然陈列在书架上，而且人们也奉之为神圣之所在。但随着现代建筑和新技术的不断发展，图书馆也在不断更新书籍的储存和借阅方式，不断增加各种资源的储存容量。

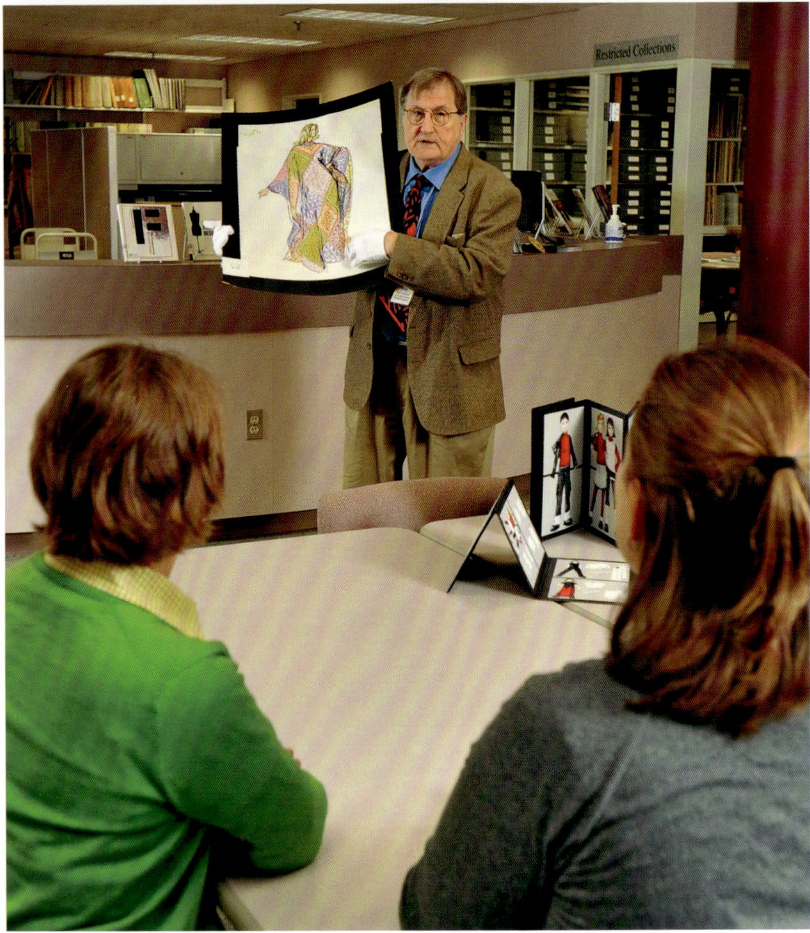


专业档案馆与学术界档案馆不同，往往设在较大型的公共图书馆和博物馆建筑群中，如伦敦的维多利亚阿尔伯特博物馆的时装馆现在设置于博莱大楼，其中收藏了沃斯时装屋（House of Worth）的画稿和时装纸样，其藏品年代可追溯到1889年。此外，位于纽约公共图书馆的时尚国际集团（The Fashion Group International）提供了1931年以来的大量时尚趋势报告。

图书馆年代越久，其书架上就更有可能拥有受欢迎的书籍和绝版书籍。柏林的国家博物馆艺术图书馆（Lipperheide Kostümbibliothek），其历史可追溯到1899年，至今仍是世界上最古老的时装图书馆档案馆之一，拥有38，000多本关于时尚和服装的书籍以及大约70，000幅服装图片。英国最大的时装图书馆坐落于伦敦时装学院，拥有57，000部书籍和超过400种期刊杂志。

关于古旧时尚杂志的年鉴史册是吸引当今研究者们进入时装史最有力的磁铁。这些看似破旧的杂志拥有无可估量的参考价值。在它们所处的时代，*Vogue*和《时尚芭莎》就相当于我们现在的网络，它们整理并分析最新的设计师作品和最流行的时尚趋势。按照年代整理的图片和时尚营销信息是非常重要的参考资料，如今依然在为未来的研究人员捕捉影像并备案存档。

虽然数字化已经把古旧时尚杂志再次充分展现出来（1892年以来*Vogue*的每一期杂志都能通过订阅沃斯全球时尚网（WGSN）来阅读，但是任何电脑屏幕都无法取代在图书馆的珍藏馆里翻阅真实的纸质杂志时所感受的特别意味。

**左上图**

俄亥俄州肯特州立大学的莫勒时装图书馆

今天的研究者们可以在杂志架上直接取阅当代时尚杂志，也可以使用图书馆的专题系列资料。

**左图**

莫勒时装图书馆，汤姆·盖茨（Tom Gates）在向参观者展示馆藏的一份复制的墨水和水粉广告文案，该文案由时装插画家埃丝特拉尔森（Esther Larson）于20世纪70年代绘制。

（摄影：肯特州立大学）

**左图**

娜塔利·约翰逊

（Natalie Johnson，2011）

对于设计师而言，书本的肌理感也可以带来灵感，比如老式书本的独特皮质封面、烫压印花方法，以及在书橱和书架上有序的摆放方式和结构形式。

| 世界十大时装图书馆 |
| --- |
| 格拉迪斯·马库斯库图书馆（Gladys Marcus Library）<br>纽约时装学院（FIT）<br>美国纽约西27街 |
| 伦敦时装学院<br>英国伦敦科屯路100号 |
| 慕尼黑市博物馆（Von-Parish Kostümbibliothek）<br>德国慕尼黑圣·雅各布斯广场1号 |
| 莫勒时尚图书馆<br>美国俄亥俄州肯特州立大学罗克韦尔楼 |
| 国家博物馆艺术图书馆（Lipperheide Kostümbibliothek）<br>德国柏林Matthäikirchplatz， |
| 亚当和苏菲·金贝尔设计图书馆<br>美国纽约第五大道63号希拉·约翰逊设计中心 |
| 安特卫普时装博物馆（MoMu）<br>比利时安特卫普民族大街 |
| 爱莲·路易松服装艺术博物馆<br>大都会艺术博物馆<br>美国纽约第五大道82街1000号 |
| Centro di Documentazione Matteo Lanzoni<br>POLIMODA服装设计与营销国际学院<br>意大利佛罗伦萨 |
| 美国时尚设计商业学院（FIDM）<br>美国加利福尼亚洛杉矶南盛大道 |

## 预测未来时尚

"时尚常常是往后看。查看当下的流行趋势，寻找20世纪20年代的服装印记，这对我们当前的生活方式有何揭示？设计者们应考虑设计在机场接受安检时易于穿脱的鞋子。设计应塑造我们未来的生活。"

——卡里姆·拉希德（Karim Rashid，1960–）

**左图**

夏洛特·维耶勒登特（Charlotte Vieilledent，2011）

典型的预测展板，用以确认当前的流行趋势和风格。

**右页图**

苏拉吉特·斯拉齐米尔（Sreejith Sreekumar，2009）

在收集各种信息进行预测时，预测者必须思路广泛，进行全面思考，这一点至关重要。

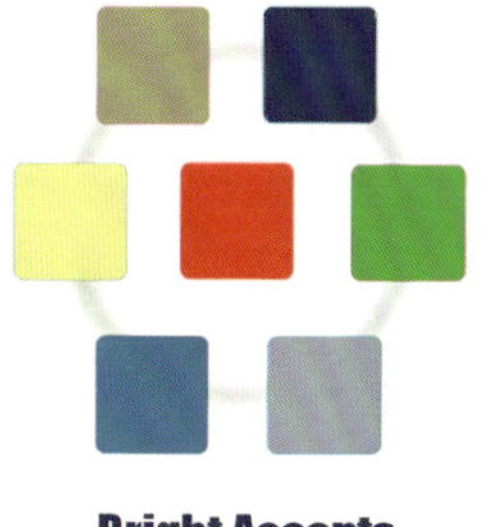


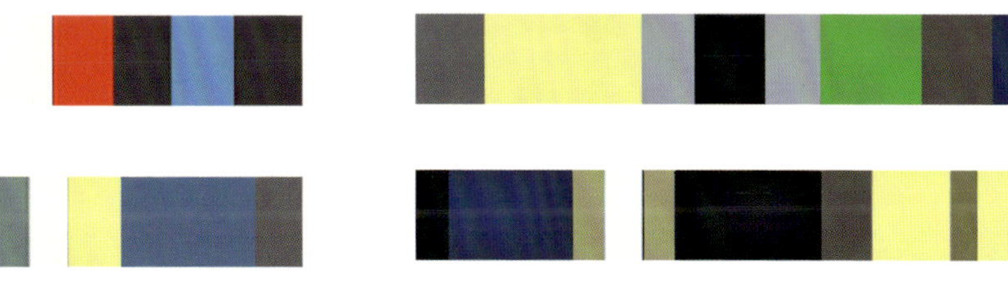

时装设计师不仅要熟悉历史上和当前的设计风格，也要对未来的趋势有充分的预测能力，这一点至关重要。显而易见，对下一季的色彩或者廓型的预测十分关键，但必须将其视为全面过渡的一个重要部分。政治环境、社会趋势和技术进步都对人们的态度和生活方式产生巨大的影响，而相应地也会对人们在未来购买和佩戴服饰的选择上产生影响。进行调整来适应这种信息的频率并非时装设计师的专职工作，但由于时装总是面向未来，因此设计师必须要擅于接受未来这些信息产生的必然的冲击效果。

定制时装趋势预测机构为时装趋势预测提供专业的业内参考资料。他们依靠第六感提前数月预测精确的、最新的定向趋势情报，提供具体的分析和预测，内容涵盖色彩、面料、图案、装饰、图形、造型、廓型和细节设计。

几乎所有的机构都雇佣全球趋势研究员来探索将要出现在时装界的最新颖素材。他们的探索内容包括季节性趋势预测、街头时尚趋势、零售行业分析和商业展览报告，此外还补充有模特走台图片和秀场趋势报告。运用这种直接的方法，他们得以确定趋势的关键词和方向，能够帮助自己的客户在未来服装行业的竞争中保持领先位置。

在线趋势预测分析的全球领先网站有：

www.wgsn.com、www.stylesight.com；

www.trendstop.com。

然而，这些公司所提供详细信息的费用对大多数调研者来说比较昂贵。

聪明的调研者们使用最有效的方法，那就是通过尝试达到同样目的的专业杂志网络来阅读信息。目前这样的杂志包括*Collezioni*、*WeAr*、*Close-UpRunway*、*Trendsetter*、*Fashion Box*和*Viewpoint*，这些杂志成为时尚趋势的监测机构而被广泛使用。杂志潮流资讯的主要分销商是风尚信息集团（The Mode Information Group），其宣传语称自己为“专业人士的首选”。自1957年建立至今，已经成为各类趋势预测信息的专业供应商。

当代最著名的时尚预测家是荷兰趋势预测者李·爱德库特（Lidewij Edelkoort，1950-）。在20世纪80年代，她在巴黎第一视觉举办了一年两次的设计创新趋势论坛，还建立了动态网络预测集团、流行趋势联合会。目前，她还领导一个国际智囊团为时尚行业提供定制服务。2003年被《时代》杂志评选为世界上25位最具有时尚影响力的领导人之一。她的公司Edelkoort Editions出版了一系列自己的时尚趋势预测刊物，包括*View on Colour*、*Interior View*和*Bloom*，她将*Bloom*描述为“园艺风格”，因为该杂志用花朵记录变化的趋势以及设计师使用花朵图片的方式。

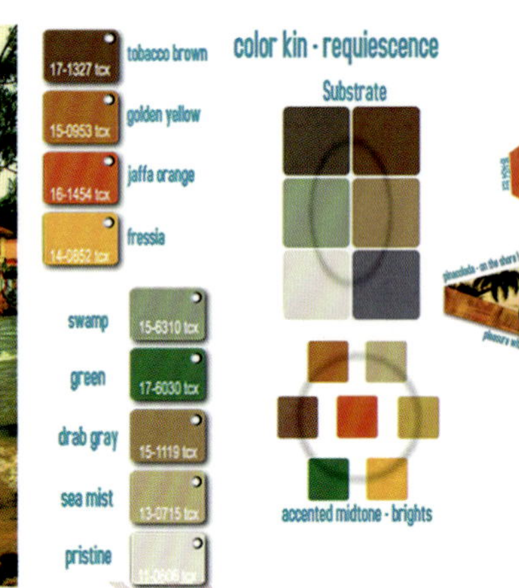

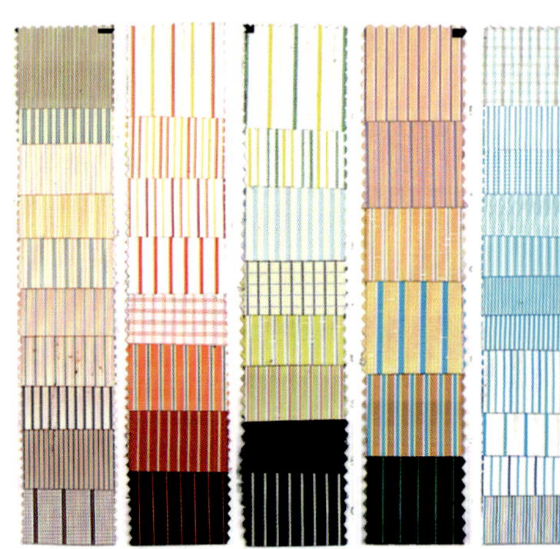

**右图**

苏拉吉特·斯拉齐米尔（Sreejith Sreekumar，2009）

定期更新色彩设计和相应的材质分析为时尚产业提供了重要信息。“天桥骄子”主持人蒂姆·冈恩说：“当我思考时尚的未来时，我真的不考虑新廓型和新款式。我想的是新材料。”

右图

瑞秋·拉姆

（Rachel Lamb，2009）

所有预测者们都认为大自然是无穷无尽的资源宝库，能为所有季节的色彩图案提供灵感。

| 全球十大趋势预测网站 |
| --- |
| EDITD<br>http://editd.com |
| 未来实验室<br>http://thefuturelaboratory.com |
| Doneger集团<br>www.doneger.com |
| 卡林国际<br>www.carlin-international.com |
| 克亚尔全球<br>www.kjaer-global.com |
| Lidewij Edelkoort<br>www.edelkoort.com |
| Peclers巴黎<br>www.peclersparis.com |
| Promostyl<br>www.promostyl.com |
| Trendzine<br>www.fashioninformation.com |
| WGSN<br>www.wgsn.com |

## “驰骋”时装信息的“高速公路”：网络和博客空间

“我无法承担所有弥足珍贵的东西。
能够在优酷上看到更多的直播，对我来说就更好了。”
——贾尔斯·迪肯（Giles Deacon，1969–）

做任何调研，最便捷的起点（有人可能会说是最懒的）是通过互联网。在不到一代人的时间里，网络世界为设计师们拓展了调研前景。50年前，沟通还仅限于固定电话，而现在无须从电脑椅上起身，整个世界与你触手可“及”。学者们依然在争论利用互联网进行调研的优点和缺点，但大多数设计师们都一致认为，互联网略胜一筹，因为它具有方便性、组织性以及自由访问的便利性。

互联网能提高时装设计师针对特定主题进行调研的能力，它对该主题提供了更深入的认识，而当前的单独一本书或者一本杂志无法提供同样深刻的认识。利用其众多的搜索引擎，如今的设计人员可以很容易地以更快的速度进行调查研究。相比在图书馆的书堆中搜寻，或者要求调阅古旧杂志，或查阅博物馆的资料，这种每天24小都能够即时获取信息的便利意味着他们现在可以更快、更完整地完成项目。

当代时尚在网络上的各个角落都获得极大关注，这也是可以理解的。单单firstVIEW网站目前就拥有超过400万张时装秀的照片和视频所组成的时尚数据库。随着诸如Twitter和Facebook等社交媒体网站的兴起，如今意味着最新的时装秀场的图片在发布会后几分钟内就传到了世界的各个地方——每个观众都成了一名记者。

如今的时装博主已经日益成为公认的时装新闻和全球趋势的前沿。时尚达人们因为大言不惭地在博客和论坛上分享个人意见和看法，他们甚至比时尚编辑获得更多的关注。通过观看这些节目，甚至无需亲自到场观看，现代的博客作者们正在成为数字化时代的时尚记者。

伊夫·圣·洛朗的创意总监艾迪·斯理曼（Hedi Slimane，1968–）说：“时尚网络社区就像是一个全球性的数字集市，在那里可以尽情地发表评论和意见。所有人都更加明白事理，而且每一个都是独立的评论家。”

提供时尚咨询的网站多如牛毛，其中一个重要的网站是www.SHOWstudio.com。由时尚摄影师尼克·奈特（Nick Knight，1958–）成立，它一直提倡在时尚推广中利用数字媒体。他在巴黎现场拍摄的亚历山大·麦昆的2010春/夏时装秀“柏拉图的亚特兰蒂斯”受到极大欢迎，由于访问量过大导致网站崩溃。

伦敦时装周如今推出全数字化时间表，提供一站式秀场现场直播节目。www.catwalklive.tv可以提供纽约、巴黎和米兰的各个季节最新系列时装秀的前排座，并且在秀场开始前15分钟发出提醒。2010年2月的巴宝丽完全接受了21世纪的技术，它成为第一个时尚大牌，以现场直播的方式将3D视频时装秀直播到世界各地。他们正在迅速成为数字时尚的全球引领者，目前投资在数字媒体推广上的资金超过60%的年度推广预算。

博客和社交网络为调研者们提供了越来越多有用的信息，它们受个人热情的驱动，展示了人们对自己所专注主题的精彩的不同见解。虽然他们的个人观点可能有失偏颇，但可以利用其自下而上深度共享的知识。这种简单的超链接的展示和早期发帖的档案常常为调研者省去在了网上收集资料的工作。毋庸置疑，博客已经成为时尚调研者们工具包中不可或缺的一员。

| 全球十大服装协会网站 |
| --- |
| 英国时装协会 - www.britishfashioncouncil.co.uk |
| 美国时装设计师理事会 - http://cfda.com |
| 荷兰时装基金会 - www.dutchfashionfoundation.com |
| 印度时装设计委员会 - www.fdci.org |
| 法国高级成衣联合会- www.modeaparis.com |
| 希腊时装设计师协会 - http://hfda.gr |
| 香港时装设计师协会 - http://www.hkfda.org |
| 加拿大时尚与设计互联网中心 - www.ntgi.net/ICCF&D/ |
| 日本时装协会 - www.japanfashion.or.jp |
| 北欧时装协会 - www.nordicfashionassociation.com |

| 十大街头时尚博客网址 |
| --- |
| 巴塞罗那 - http:www.lelook.eu |
| 柏林 - http://stilinberlin.blogspot.com |
| 赫尔辛基 - http://www.hel-looks.com |
| 伦敦 - http://facehunter.blogspot.co.uk |
| 米兰 - http://alltheprettybirds.blogspot.co.uk |
| 莫斯科 - http://www.slickwalk.com |
| 纽约 - http://thesartorialist.com |
| 巴黎 - http://www.garancedore.fr |
| 悉尼 - http://www.xssatstreetfashion.com |
| 东京 - http://www.style-arena.jp |

| 十大国际时装信息网站 |
| --- |
| www.catwalklive.tv |
| www.fashion.net |
| www.fashionoffice.org |
| www.firstview.com |
| www.hintmag.com |
| www.infomat.com |
| www.manchic.com |
| www.SHOWstudio.com |
| www.style.com |
| vintagefashionguild.org |

| 十大时尚社交网站 |
| --- |
| www.avenue7.com |
| www.chictopia.com |
| www.fashionising.com |
| www.fashionmash.nl |
| www.onsugar.com |
| www.polyvore.com |
| http://styledon.com |
| www.stylehive.com |
| www.stylemob.com |
| http://trendmill.com |

# 速写本任务 Sketchbook task

“一个家族里人物的面孔是有魔力的镜子。
看着我们家族里的人，我们可以看见过去、现在和未来。”
——盖尔·吕美特·巴克利（Gail Lumet Buckley，1937–）

## 时尚根源——挖掘你自己的时尚历史

调查家族史和编写家谱已经非常流行。电视节目挖掘名人的血统，杂志报道追溯家族史的方式方法，互联网上也满是各种易于获得的宗谱记录，包括出生证、结婚证，甚至移民到普查的细节等等。所有这些都有助于热心人对自己进行探索。

我们通常采用图表的架构形式，列出家族里的人名和年代。现在有一个非常有趣的任务——建立自己的图形家谱，重点集中在你个人的时尚感如何受到家族和朋友的影响。每一个家庭都有数本相册或者很多珍藏着照片的鞋盒，照片多种多样，有正式的家庭聚会如婚礼，有轻松假期的快照留念。这些照片不仅保存了这些家庭成员的美好回忆，也通过一代又一代不断变化的服装样式，展示了照片背后的时代背景。甚至所使用的照相机型号以及所制作的照片都代表着那个时期流行款式的晴雨表。不论是以前为儿孙们摆拍的镶镜框的正式照片，还是如今用现代智能手机随手拍后直接上传到Facebook的照片，它们都能充分反映其所处的时代背景。

**1.**找到尽可能多的家庭照片。起初最好不要做太多区分。无疑你会发现许多近期的照片，但要找出更早期的照片，比如找出你祖父母辈的照片。仅寻找自己家族成员的照片，可以最终确定照片的日期和顺序。按照时间先后顺序来整理照片，并选择出对你具有个人意义和有趣的服装特点的照片。复制所选择的照片并保留原始照片。

**2.**现在思考一种有创意的方法将照片收集在一起并展示出来，令其成为你自己时尚根源的记录。不要满足于平淡无奇，要体现创意。你可以缩小或者放大照片的尺寸，进行裁剪，或者涂画或装饰主题来凸出特定区域。不论如何，在翻新家族照片的时候务必保存原照中家族血统的重要性。

**3.**一定要在速写本上展示所有的过程，务必展现自己的工作进程以及最终的造型。

**左页图和右图**

杰德·巴特（Jade Barrett，2012）

“我选择旧的黑胶唱片作为最终的展示板。我刻意选择我爷爷和奶奶的老照片，因为这代表了20世纪50年代，我一直很喜欢那十年的服装风格。多数的照片是我爸爸妈妈的，因为在我的成长过程中，他们自然而然对我的服装风格的形成产生了重大影响。”

（摄影：戴夫·斯科菲尔德，Dave Schfield）

**左图**

以编织刺绣装饰的旧西班牙明信片。

**右页图**

GLTZ／刺绣（2010）

时装摄影中刺绣的现代运用法。

Aušra Osipaviciute（摄影）

Milda Cergelyte（服装）

Gintare Pašakamyte（刺绣）

Greta Babarskaite（化妆）

Greta and Vaclovas（模特）

# 速写本任务 Sketchbook task

"明信片真的大大激发了我的兴趣。"

——亨利·米勒（Henry Miller，1891–1980）

## "希望你来过这儿！"——装饰性线迹

在即时电子邮件、短信、Skype和社交网络的时代，在度假胜地书写和邮寄明信片已经成了一种即将消失的消遣活动。然而，明信片曾是往家里寄送个人旅行纪念的最流行手段。如今，购买当地邮票以及查收邮箱的麻烦已不无法满足当下快速便利的数字交流的要求。

1870年英国首次发行明信片，其正面和背面的造型都很简单，预先贴好了邮票。随后在1894年发行了单面带图片的明信片，这开启了1902年到第一次世界大战的1914年之间明信片的黄金时代。当时，明信片成为一个全国性的热潮，人们发送数以百万计的带图片的明信片。第一次世界大战期间出现了带有刺绣的明信片，通常称为"一战丝绸"，这些都是由法国妇女和比利时难民在网纱上手工刺绣后再粘贴到明信片上的。

以前也曾经流行过把装饰性刺绣缝在现有照片上。欧洲民族服饰是受欢迎的选择，西班牙的弗拉门戈舞者和斗牛士都是这种装饰的上佳选择。这种古色古香的传统装饰方法可以是一个有趣的尝试，让你用富有肌理感的装饰效果装饰速写本。

**1.**在杂志里找一个醒目的形象。尺寸大小是一个需要重要考虑的因素。普通的长方形明信片是9cm x 13cm到15cm x 30cm之间。把图像粘贴到现有明信片或轻质卡片上，所选择的卡片材质应能足够承受刺绣装饰。记住你将在图像上要做出成行的孔洞，如果图像稳定性不够的话，卡片会很容易穿孔损坏。

**2.**确定要用缝线装饰的区域。开始工作之前，可以先缝上几针试试。不可过度装饰图像——原图不可改变太多，否则会失去原有的格调。可以手工缝制或者用缝纫机来缝制，采用何种方法取决于所需效果。一定要让自己的个性来影响装饰、线、纱或者缝法的选择。因为要把最终的卡片贴在自己的速写本上，因此没有必要整理明信片的背面。添加织物或者亮片装饰也是一种选择。

**3.**最后将完工的明信片放到速写本里。

Showcase 2

# 案例学习2

**作者**：圣书工作室（曼迪斯·卡拉冈雪夫创立，Mendie Karagantcheff）

**国籍**：荷兰

**毕业院校**：荷兰海牙皇家艺术学院

**2012－2013系列**：“超载时代”

“速写本对我而言价值百万美元。对于每个服装系列，它们就像是一本个人圣经——神圣的著作，也被称为‘圣书’。”速写让我能够创造系列的氛围和体验，可以把它看成我工作的核心。这也是我为何启用‘圣书工作室’这个名字的原因。

我喜欢用活页笔记簿做速写本。这种本子可以在上面增加更多材料。在经过一段时期完全创造性的混乱添加之后，速写本几乎要爆炸了，其重量比空白的时候至少要增加两倍。

在制作速写本的过程中，我的想法不断发生变化。我使用各种技巧，如拼贴、绘图、思维导图、收集有趣的资料和面料、材料样品。音乐也是这个过程的重要组成部分，它真正能够让我进入状态。经验也有助于在视觉上塑造我头脑里的想法；一旦处于“流动状态”，一切就不可阻挡。如果没有图形表达基础，我就无法进行设计。可以说时装从属于绘图——绘图才是最重要的事情。

我经常从原型开始工作。我的“超载时代”系列的切入点是卡尔·荣格（Carl Jung）的“人格学说”。我的兴趣在于我们今天的沟通方式——通常都是通过网络。所有一切都棒极了，更大、更美好，甚至是异想天开的，人人都“喜欢”它。如何向世界展现自己，以及在线下生活时我们如何继续展示自己的“线上假象”，这个问题真是引人入胜。毫不夸张，我们生活在我们自己的应用程序之中。使用速写本，我开始想像和联想所有流行的（线上的）青年文化的各个方面。这不仅仅是用Iphone给某个人打个电话而已。这关乎拍照录像、听音乐、发信息、发微博、点赞、使用ping服务、刷屏，也包括使用各种各样的应用程序让我们的生活变得更加舒服。这些也会一直进入到我的服装系列中。这不仅仅关乎服装，也关乎整个体验。服装会服从于这个系列的交互式设备（如应用软件、电影和音乐）和涂鸦（如印刷字体和动画）元素。希望每个人都想要加入进来，加入‘圣书工作室’。”

我总是从自己周围的环境中汲取灵感。我的设计中展示了对环境的密切关注，而且人们可以轻易地与之建立联系并产生共鸣。

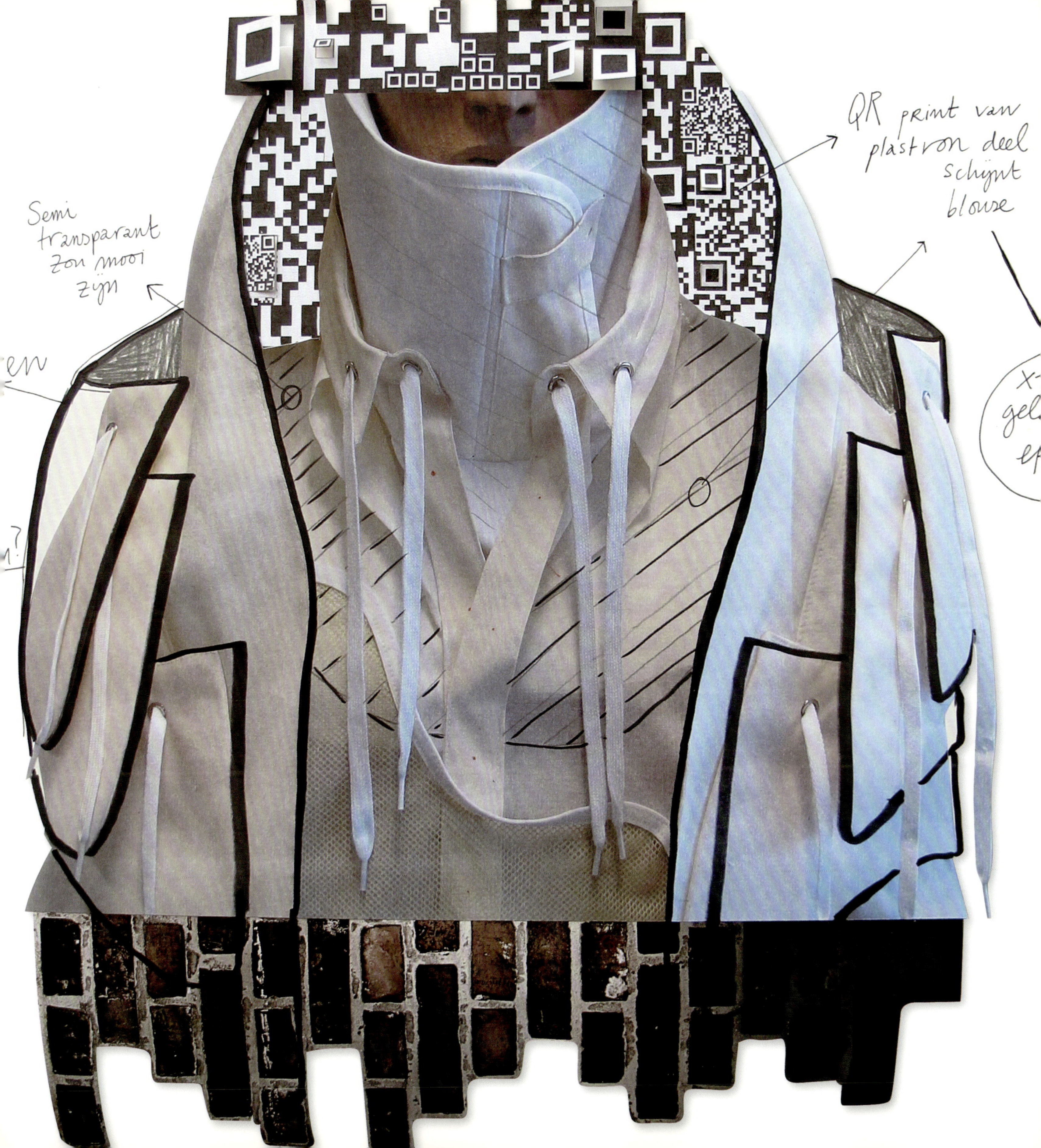
Semi transparant zou mooi zijn
QR print van plastron deel schijnt blouse

Keuzevrijheid is geen beperking
maar een mogelijkheid tot
opeenstapeling
opeenstapeling
opeenstapeling
opeenstapeling
opeenstapeling
en sculpturale
silhouetten
en vormen.

OPEENSTAPELING
LEIDT TOT
NIEUWE
VORMEN

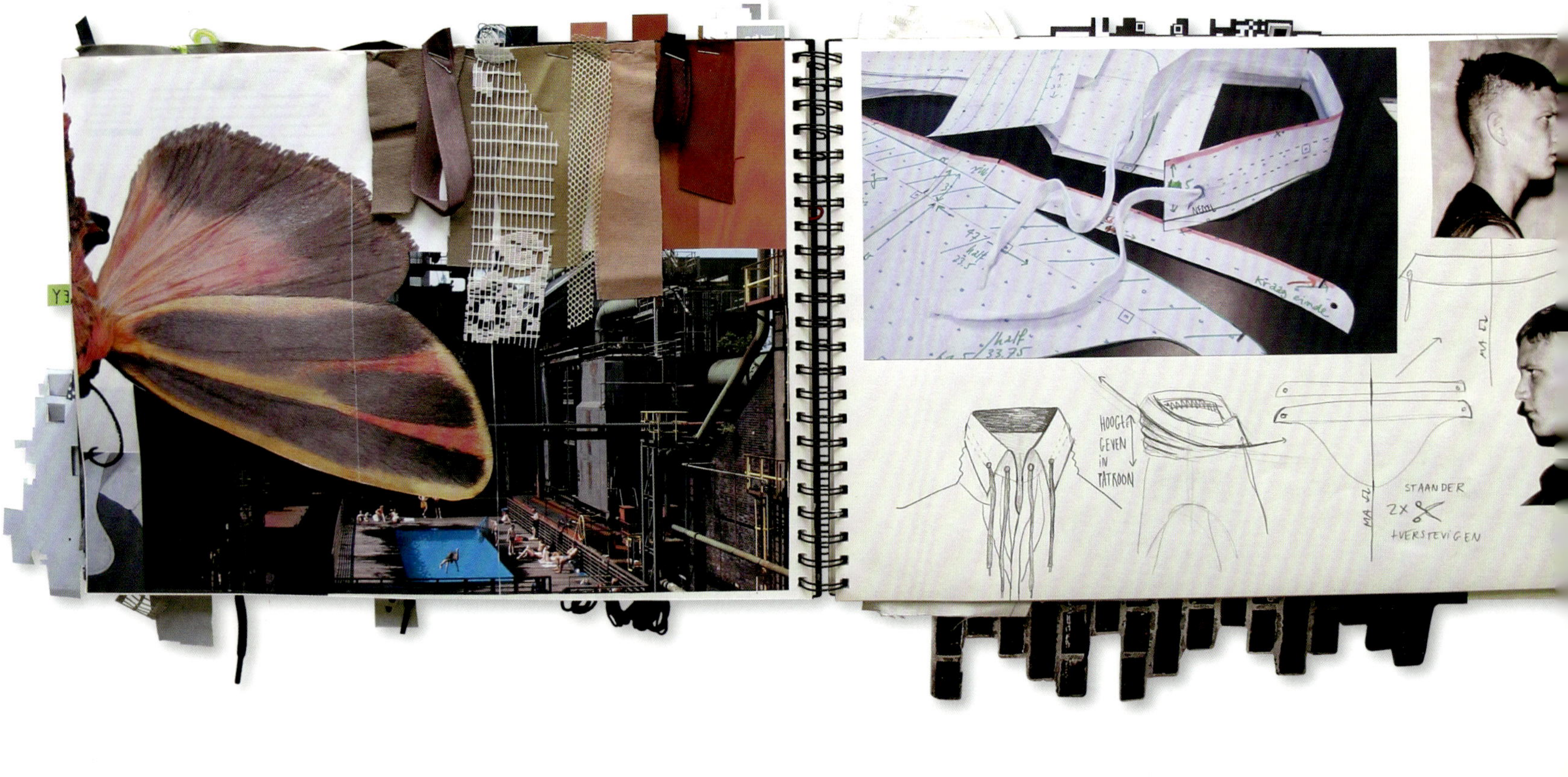

HOOGTE
GEVEN
IN
PATROON

STAANDER
2X
+VERSTEVIGEN

PROCES ONAF BEZIG

PERFECT → BORING!
VERSUS
IMPERFECT
INHERENT AAN
PROCES

mode – proces – toile / spelden / fonten

idee: elementen van 't proces in 't (eind) product verwerken → proces wordt 't belangrijkste element. Als een

LITTEKEN

zou je kunnen verwerken in een print

SIERAAD

of lasercut uit bv PLEXIGLAS als accessoire

of 3D PRINTEN

– INTEGREREN IN 'T MATERIAAL

+1 Add as Friend

"EEN DAG NIETS GEPOST IS EEN DAG NIET GELEEFD"

TOM 22

1990

14

→ dit is een vlinder!

# 第三章

## 视觉思维：评估和判断

## Visual thinking: evaluation and appraisal

"设计是图像化表现的思维。"

——索尔·巴斯（Saul Bass，1920－1996）

本书第一章中介绍了时装速写本中必须包括的主要研究内容。第二章讲述帮助你寻找参考资料的一手资料研究和二手资料研究的各种资源。本章开始分析你的发现成果，将其作为最终设计的基石。时装速写本绝不能成为剪报资料收贴簿：这是一个个人储存柜，里面充满着不可或缺的信息，可以对这些信息进行拓展来激发新的设计和概念。

现在开始研究自己的图像缓存区，看看它能将自己引往何处。时装速写本就像探险家的勘探图，上面有一个带"X"标志的地方，那里的宝藏正等待着开发。

将你自己的图像调研指向所收集的研究资料，你能够驾驭它，把自己从已知领域引向新颖有创造力的地方，这以不同的方式打开心扉和开拓思路。不要陷入接受事物表面价值的陷阱之中——你需要运用横向思维能力。

**右页上图**

杰玛·范宁（Gemma Fanning，2012）

**右页下图**

泰丽莎·艾尔蒙特（Talisa Almonte，2012）

为了培养自己的个性，时装设计师们经常使用另类的方法进行视觉思考。伊夫·圣·洛朗说："所有的创造都不过是重新创造，是使用新方法考虑同样事物并用不同的方式进行表达。"

**下图**

玛丽亚-安娜·本纳（Maria-Anna Bena，2011）

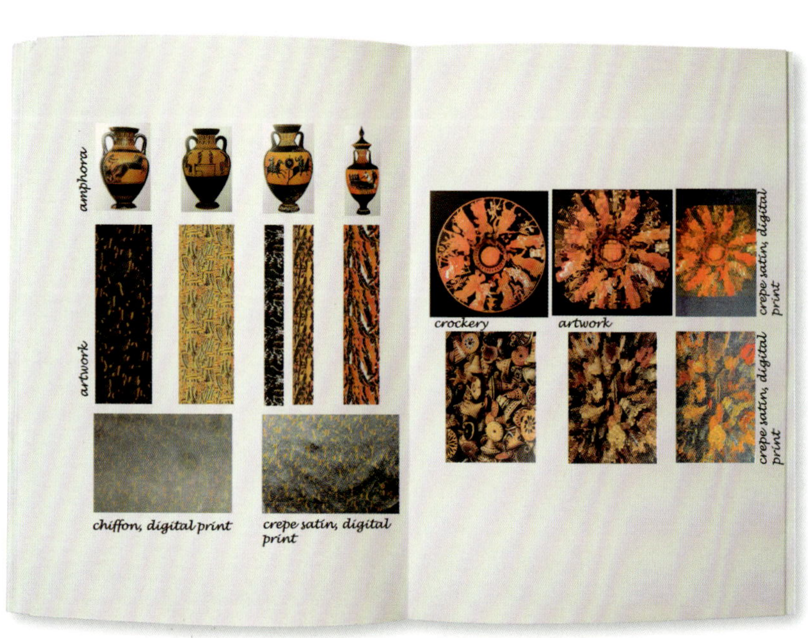

数学家或者科学家会接受“1+1=2”的想法，但是不同于他们，设计师们认为这样的结论过于显而易见，缺乏想象力和创造力，其结果应该是“1+1=3”。这种神奇的结果无法用数学科学进行解释，但设计师坚持如此，因为他们认为最终会得出这样的1+1=3唯一正确的答案。这是个人化的、直觉的过程，对每一个设计师而言截然不同。人人见了都能认出来，但将其形成一套规则或者操作指南又非常困难。

在前一章，已经了解到，将视线远离服装本身也非常重要，这样能引入新颖的素材。有时候，用不同的眼光去审视自己的调研也很不容易。在收集信息时，你比较容易去关注最初的和最原始的资料。显而易见的是，你并不想放弃调查研究的原始价值，这也是为何从一开始你会选择它的初衷，但太直观意义上的运用只会制约其未来的魅力。服装缝份和缝份的复制会显得毫无新意，给人感觉只不过是你下了苦功夫而已，而没有突出将原创作为灵感源泉的优势。当今设计界已经谈不上什么新颖之物，设计师们在重重压力之下对已知的一切进行重新创造，并将各种研究结果并置在一起来制造新的可能性。任何一个时装设计师的首要技能并非在于使用剪刀和针（随后会提到）的熟练度，而在于他们本着挑战传统并创造新事物的目的对初步设计研究的分析能力。理念的创新存在于对初始调研中的阐释：并置出其不意的色彩；将曲线变形矫正为对角线；膨胀或收缩不同形状；颠倒放置一些东西的顺序——这些都是让新的设计作品引人注目的方法，都是久经考验的设计方法。你要学会通过汇编调研材料跟踪自己独特的研究进程，以期达到自己的个人愿望。

本章将介绍调查和拓展自己的思维和研究的一些基本方法，包括运用思维导图、拼贴、并置、解构、情境扩展和确定设计概念等。

# Connecting the unconnected: mind mapping

# 使无关联的关联起来：思维导图

由于专业的独特性，设计师们实在太轻易地囿于某种特定的思维模式。但有时候会很难走到一旁以全新的眼光观察自己的主题，因为设计师的生活方式比较独特。实际是，一天24小时一星期7天的日常生活、吃饭和喝水全关乎设计主题本身。而打破这些思维常规对其进行整理的有效方法，是通过思维导图或想法映射来集思广益的过程。它有助于即兴工作，让你的思维方式完全是自然天成的。相互之间的关联度无须显而易见——往往是关联度越离奇古怪，所激发的理念想法更佳。这是解放思想和追踪想法的强大工具。

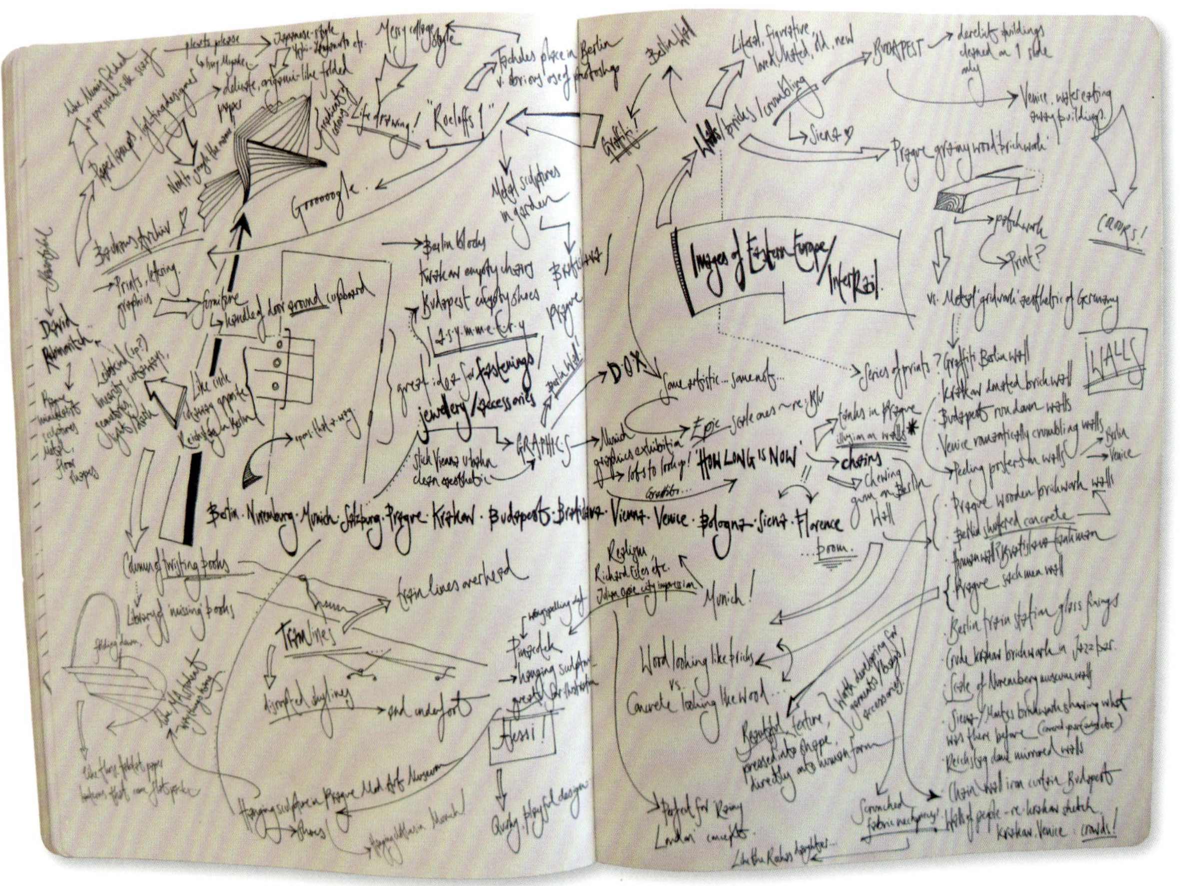


"想进行分析性工作的时候，
我会制作一个清单。
想寻找新想法或者制定行动计划的时候，
我会做一个思维导图。
思维导图是有机结构，让我能进行自由联想。在提出问题和揭示看似
毫无关联的问题之间的关系方面，
它们的效果非常好。
我迫使自己追随思维导图和
自己头脑中的枝枝叉叉，
从所处理问题的核心开始工作，
慢慢地远离核心部分，
来寻找更棒的理念和想法。
最妙的是，你让自己跟随内心的想法，
这与列清单截然不同，
可以用这个方法尝试进行
全面的工作和处理数据。"

——大卫·M·凯利（David M. Kelley，1951–）

得益于这种集中练习，你在调研过程中应该已经收集了大量的图片。思维导图就像想法理念组成的复杂网络，可以触发你的想象力，让你选择一个理念、想法，甚至是一个词语或图像，然后通过联想开始连接无关联的东西。

视觉上，它往往类似于族谱图，有着庞大的后裔分支。然而，你也无须过于担心其整体图式结构——取决于思维导图的发展，它会以自己的方式进行演变。可想而知，设计师们会发现这是一个释放性的体验，因为这会解放他们的创造力，并激发供考虑的新领域，而这些内容在开始的时候是无法看见的。

许多设计师们在纸上集中于某个文字或某张图片，但这并不是必要的，只要你的创造性思维开始流动，就有足够的空间用于增添更多的链接。作为具有整体性的练习，最好仅限于一张纸的单面，或者横向打开用于风景绘画的速写本，这样更易于进行联想。通常，离最初的出发点越远的时候，你就会有越来越好的想法。

**左页图**

路易丝 · 本尼特（Louise Bennetts，2011）

**右图**

圣书工作室（摄影：门迪 · 卡拉甘特切夫，Mendie Karagantcheff，2012）

设计师们经常开发个人思维导图的独特风格。在信息辐射网络中，图片也是有用的组成部分。因为设计师使用视觉效果来激发自己的想法，思维导图超越了单纯的词语联想的游戏。甚至可以同时使用多个思维导图，让它们彼此进行思想碰撞。也不要害怕使用不同的字体和色彩来增加重量和展示系列想法之间的联系。

# The shape of change: collage

# 造型的变化：拼贴

得到新想法的时候，设计师们经常使用“快乐的奇遇”之类的词语进行描述。他们的一些非常好的想法经常是偶然产生的；或者当一系列互无关联的元素意外地组合在一起，从而产生了全新的不可预测的效果。设计师们必须考虑到设计工作中不可预测的因素，而且意外发现在设计的创意过程中起着关键的作用。因为时装行业迫使人们每6个月弃旧迎新，这样偶然无计划的事情对时装设计师非常有利。

> “拼贴是20世纪最伟大的创新。”
> ——罗伯特·马瑟韦尔（Robert Motherwell）

要在时装设计中激发这样有启示性的状态，久经考验的方法是运用手工拼贴技巧。不论是靠运气还是靠寻找新思路的创造性思想，拼贴是“把玩”图像调查的极佳方法，可以在不减少其潜力的前提下测试可能的效果。通过将不同结构拼贴在一起的简单过程，你可以高效地阐明未来廓型、材质和色彩研究方面可能的新方向。拼贴是拓展参考资料的快速便利的捷径，几乎具有直接的效果。它有助于拓展新想法，促进原有目标，并为研究开发有趣的理念。不过，时装速写本中进行拼贴的目的并非简单地装饰原始素材；经过练习，你可以使用拼贴来形成自己的个人语言，并获得特殊的视觉词汇，通过它们来表达你自己的想法和概念。

不论最初看起来多么稚嫩，拼贴在现代艺术和设计中渊源悠久而且意义重大。

拼贴并非一直作为现代风格受到认可，但是作为一种技术它已经存在了相当长的时间。早期的穴居人可能是最初的典型人物，他们往洞穴壁画上添加种子、贝壳和羽毛。到12世纪，日本书法家们一丝不苟地将胶水和面料黏贴起来，创造自己诗作的装饰性背景。

拼贴这个词源自法语动词“coller”，意思是“胶合。18世纪，蕾丝情人节礼物和蝶翼拼贴开始出现；整个19世纪，各种各样的印刷小纸片、照片和纪念品被黏贴在大量可用的表面上。除了放在纪念册里，手工拼贴也在屏风、灯罩和家具上广泛使用，更整齐的绗缝艺术与拼贴同源，不同的是用缝线取代了胶水。

现代形式的拼贴发展于20世纪早期，是乔治·布拉克（Georges Braque，1882-1963）、巴勃罗·毕加索（Pablo Picasso）和胡安·格里斯（Juan Gris，1887-1927）等立体派画家所使用的技法，是阐释他们早期艺术实验的一个方法。他们开始把外在材料如布片、标签、邮票、乐谱和墙纸贴到他们的绘画中，这让艺术评论家非常不快，他们认为这是一种欺骗方式。

在随后的未来主义、结构主义、超现实主义和波普艺术运动中，拼贴也成为画家和设计师们的重要元素。1956年，理查德·汉密尔顿（Richard Hamilton，1922-2011）从旧《美国妇女家庭杂志》中剪下的《究竟是什么使得今日之家如此不同，如此吸引人？》制成的作品是第一个达到真正标志性地位的拼贴作品。早期剧院和电影院里的海报也使用拼贴技术来组装和装饰即将推出的重要节目。

**左页图**

尤山内·普罗朴（Jousianne Propp，2011）

通过拼贴这个手段将调研资料、照片和效果图组合起来，这样做让你把所有的产生影响的元素聚在一起，激发新的想法。

**左图**

凯莉·温里克（Kelly Wenrick，2011）

手工拼贴为平衡和廓型的试验提供了一种简单的解决方案。使用真实服装的照片为结构增添了真实感。

在20世纪所有的艺术运动中，激进的的达达主义艺术家在自己的作品中最为充分地利用了拼贴技术的潜力。对于许多人来说，这成了他们艺术表现的主要方法和颠覆图像原始语境的一种手段。有些达达艺术家允许在构图中进行随机安排，把撕下来的碎片贴在它画纸上的任意位置。库尔特·施维特斯（Kurt Schwitters，1887－1948）被认为是现代拼贴艺术之父，广为人知的是他回收自己废纸篓里的东西，并利用这些无价值的物品，把它们变成新的表达情感的东西。

众所周知，他拓展了自己的回收图片制作活动，用3D构成主义形状重新覆盖内墙和天花板，这些形状形成角落和缝隙。他在那些角落和缝隙里放满了自然艺术品，就这样把自己父母的房屋制成了“Merzbau”。施维特斯说：“艺术作品中材料在使用之前的意味无关紧要”。

由于个人的实际情况，有些艺术家被迫在作品中使用拼贴。在第一次世界大战期间，在前线缺少纸张的情况下，法国画家费迪南德·莱杰（Ferdinand Leger，1881-1955）在艺术作品中使用弹药箱，长期卧床的亨利·马蒂斯（Henri Matisse，1869-1954）在最后的岁月里被迫放弃画笔，开始用剪刀和彩纸图案进行绘画创作。

**左图**

米沙·露西·汉娜·爱德华兹（Misha Lucie Hannah Edwards，2012）

拼贴往往能获得发人深省的组合效果，它扭曲可预料的东西，从而挑战察觉力，其表现方式类似于超现实主义者或者达达派艺术家乔治·德·基里科（Giorgio de Chirico，1888-1978）和马克斯·厄恩斯特（Max Ernst，1891-1976）的经典作品。

**右页图**

松巴尔·塔里克（Sumbal Tariq，2012）

将剪贴的镂空图形进行简单地重新排列可以为设计开发俏皮地增添无数种未开发的途径。美国作家唐纳德·巴塞尔姆（Donald Barthelme，1931-1989）指出，“拼贴的原则是20世纪所有艺术的中心原则”。

手工拼贴具有悠久的艺术传统，从古至今一直具有重大意义。但如今，数字化和现成图像的图库网站如Flickr所产生的影响，将在未来形成与拼贴更加密切相关的应用（合成照片和图像处理）。原来切割图像和手工黏贴这种实实在在动手的方式，被数字软件点击式的剪切和黏贴命令所取代。

大卫·霍克尼（David Hockney，1937-）对摄影的迷恋让他将技术和拼贴更紧密地联系在一起，制作了大型的“加入者”（Joiners），其结构分层几乎类似于立体派构图。当代音乐、诗歌和电影也运用了拼贴技术。

除了单个图像形状及其内容本身的吸引力之外，时装速写本中的手工拼贴也能让肌理元素发挥作用。陈旧纸张、老照片、闪亮的钮扣、压花或者精致的蕾丝都能为拼贴艺术家的魔法盒增添魔力。分层拼贴的多种方法也能利用透明效果进一步开发创意的可能性。

优秀的拼贴作品可以使用的材料范围可谓无穷无尽。它仅仅受制于设计师想象力和图像火花本身的局限性。当代拼贴艺术家倾向于使用古旧艺术、消费文化、复古肖像、混合媒体和重复使用的城市图景。然而，正如传统画家需要明智地选择色彩，对拼贴艺术最终作品的美学思考也相当重要。应当欣然接受意外效果的发生，这种意外效果也会十分自然地出现，但同样重要的是，不要让拼贴艺术堕落为各种毫无意义的造型和肌理效果的集合。

**左页左图**

费伊·米勒德（Faye Millard，2012）

**左页中图**

罗斯·威廉姆斯（Ross Williams, 2011）

**左页右图**

亚历山大·岁曼尼维茨（Alexander Romaniewicz，2012）

**右图**

黄小平（Xiaoping Huang，2012）

拼贴不费吹灰之力就从手工剪切工作演变成了虚拟现实中的工作，自由地迎合了电子媒介。通过运用软件滤镜效果来进一步改变所排列图像的效果，数字化拓展了拼贴技术的更多潜力。

# 打乱秩序：并置 Disruption to order: juxtaposition

心理联想能给大脑暗示，帮助我们理解或者欣赏事物之间的联系。在生活中，我们根据自己的经验会不由自主地进行成千上万次的心理联想和暗示。比如，一听到某个音乐片段，会突然追忆起某个时间或者某个地点；或与老友的会面让人想起同年的情感和记忆。第一章中学习到了特定色彩联想如何与我们的潜意识紧密相连，如今几乎无法将其分离开来。比如说，坏人总是穿黑色服装，而红色总是警告着危险的来临。

但是，当这种关系受到挑战，而且移除了安全网，使得已知的东西变成了未知的东西，那么，情况又会怎么样呢？

“创造力是神奇的能力，
能抓住截然不同的现实，
从它们的并置结构中撷取新的火花。”
——马克斯 · 恩斯特（Max Ernst）

**右页图**

狄塔 · 卢比（Titarubi，2008）

包围“大卫”

一个8.5米（28英尺）高的玻璃纤维的“大卫”，全身装饰着手工织锦，与佛罗伦萨的雕塑原作戏剧化地并置在一起。

**左图**

《电肤》

2008年新加坡“仲夏夜空”节（Night Festival）

澳洲组合，电子幕布将新加坡国家博物馆的建筑正面转换成投影的巨幅粉笔画草图，以夜空作为背景。

（右页图和左图摄影：新加坡国家博物馆）

影像关联是所有设计师创造性词汇中极为有力的联想工具。它能通过所产生的新组合和放置位置而增强无关联元素之间的融合。其影响力取决于提升了的阐释，初始相异物体的并置在新安排形式中产生新的暗示意义。其结果可能特别迷人美丽，如同印度尼西亚艺术家狄塔卢比（Titarubi）用锦缎重塑了米开朗基罗的大卫像（见左图），这种结果也可能是产生厌恶和反感的根源，如同英国艺术恐怖主义者班斯琪（Banksy，1974-）在家乡布里斯托尔2009年夏展中极富争议的海报形象，将摔下的蛋筒冰激凌放在一堆用闪光颗粒装饰的狗粪上。

对设计师来说，此时就是“并置”成为“想想看……”的时候。撇开先入为主的想法，设计师让观者在新的背景中重新考虑原型的涵义。你得以以全新的视角对其进行审视。在时装业内，唯一不变的元素是人体结构，并置使有限变成无穷。

不同于中国行为艺术家刘柏林（Liu Bolin，1973-）用颜料将自己小心仔细地隐藏于身边的环境。对于时装设计师来说，通过并置形成另一种皮肤是对某个人体重新着装并提出新颖观点的一个机会。

当代广告业充分利用并置手法，将其作为其创意组成部分之一，唤起强有力的新颖的视觉隐喻。一个经常出现的例子，就是将快车与猎豹并置，以表现快车拥有可以与猎豹相媲美的品质，如速度、动力和耐力。

然而，有些广告宣传的修辞并非总是如此符合逻辑。将异乎寻常的或者有伤风化的促销意象结合起来已经成为行业惯例。1998年，变成白马的波浪被用来推广爱尔吉尼斯啤酒（Guinness）；2007年大猩猩敲鼓的古怪动作被用来宣传吉百利牛奶巧克力。在时装业，可以预见的是，那些渴望创造影响的人士会继续试探产品营销中可接受性和吸引力的极限。时装品牌贝纳通（United Colors of Benetton）使用震撼战术将时尚与当代社会的问题并置起来。奥利维耶罗·托斯卡尼（Oliviero Toscani，1942-）犀利的社会评论永远破坏了这一意大利针织品品牌的天真无邪。HIV阳性病人的临终图片、脐带未剪还留着鲜血的新生女婴，所有这些都成为广告宣传中广受谴责的画面。

不同于拼贴，并置的重新安排效果并不必依赖于各种碎片。不论是为了进行比较或者形成反差，只需将不同的物品并排放置来表达新的理解和认知即可。并置不涉及将物品从初始环境中移除后再次重组来创造在新安排中完全不同的东西。其目的在于提供最初的思想火花，激起对事先无关联事物之间联系的不同反应。这种新关系指明新观点的创作方向并促进设计工作的进行。

时装设计师在速写本中采用并置方法的动机在于对这种视觉联盟的颂扬。他们会因为连续的思路而发现或者提升相同之处或者不同之处。将物品通过并置的方式放在一起，设计师们得以扩展它们初始特质的潜力。比例、造型、色彩、肌理或者图案等方面的比较可能会揭示事先并非如此显而易见的联系。过多胡乱的记号受限于可控的正式的结构内部，能展示全新的视角。呈几何形态的都市建筑与有机的自然形体比肩接踵，或者将微小的东西与比例超大的东西放在一起会产生奇妙的效果。将纤弱的和坚韧的放在一起，湿的和干的放在一起，热的和冷的放在一起——并置的可能性数不胜数。

由于并置的物品离开了原来的背景环境，一开始看上去显得位置错乱，让人迷惑不解，是事物常序的中断。设计师们常常在作品中使用令人困惑的并置手法，但他们心知肚明的是，接受信息的人能够弄明白并置物之间的关联性。

并置手法也是趋势预测者们钟爱的策略。他们运用并置组合的冲击力和简单性，为色彩、面料、造型和细节预测增添新的意义。预测潮流趋势的能力取决于背景探索和界定各种创意领域中的新关系。以此方式并置简单的视觉碎片，预测者拥有一个容易识别的工具，帮助自己明白无误地、清楚地向客户解释自己的设想。预测者将从调查调研中所获得的选定形象化描述进行重新安排，以此重申或者重复某个特定色调，这样就能够以易于理解的语言预测新趋势或者新方向的出现。信息可以是直接表述，其意义表达可以是明白无误或者非常微妙和富于暗示意味。

因其本质上的直观性，信息并不存在语言障碍。通过其表面就可以被接受，然后由行业进行解码和使用。并置在时装界的用途甚广。其主要功能在于展现现存事物之间的新联想和新关系。这在时装设计中至关重要，在此同样的元素被无限重复。不论是通过一致的协调还是对抗的冲突，时装速写本中的并置处理能够激起对已知的查验，为未来的重点提供方向，让理念不再那么肤浅，让设计更加引人深思。

**下图**

罗莎·恩格

（Rosa Ng，2011）

**左页图**

埃莉诺·蒙福特（Eleanor Mountfort，2009）

将起初互无关联的事物结合在一起，这使得并置的做法对时装设计师而言如此有趣、如此有利。通过变换背景，新组合自然而然地形成不同的理解和全新的认识。

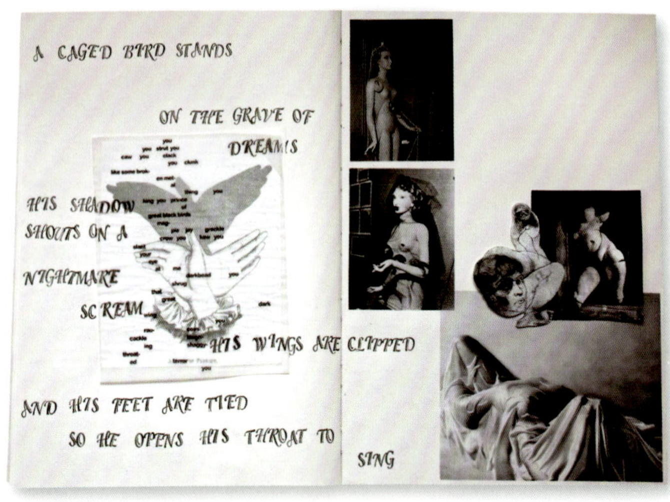

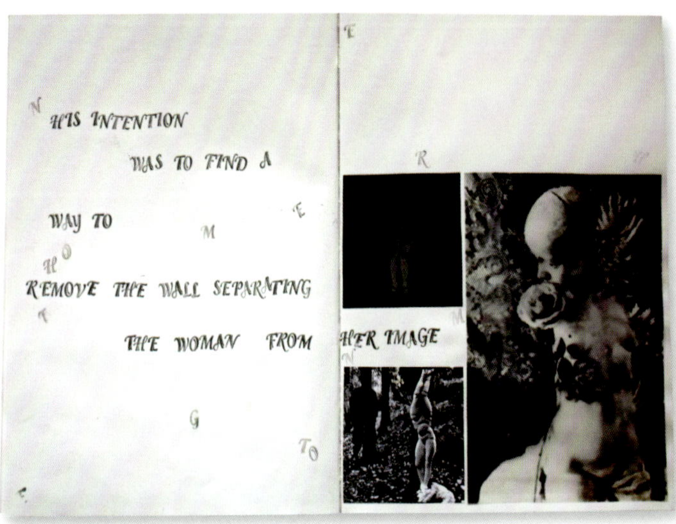


与超现实主义艺术一样，理念想法的并置与现实世界的约定俗成相矛盾。超现实主义者对并置的利用，包括比例、定位和强调，让物体之间的关系显得与众不同、异乎寻常。

艾尔莎·夏帕瑞丽（Elsa Schiaparelli，1890-1973）一直十分享受并置法为自己的时装设计所带来的不合理性和质疑声。在1937-1938秋/冬系列中，她与另一位超现实主义艺术家萨尔瓦多·达利（Salvador Dali，1904-1989）合作，创作了她著名的作品“鞋帽（Shoe Hat）”——一件具有可穿性的时装艺术。据说是受达利的一张照片的灵感启发。在照片中，他头上顶着妻子的一只拖鞋，上下翻转的高跟鞋正好完美地契合头部的曲线。他们继续合作创作出了“龙虾服”（The Lobster Dress），在塞西尔·比顿（Cecil Beaton，1904-1980）的时装系列插画中沃利斯·辛普森（Wallis Simpson，1896-1986）穿着。在随后一个季节，他们再次合作“马戏团”系列的“泪水服”（Tears Dress），其特点为在长礼服上直接印刷错视画面料碎片。同一系列也包括著名的“骨骼服”，使用凸起或者带衬垫的部分来模仿穿着者服装下的脊梁骨、肋骨和腿骨。

70多年以后，让·保罗·高提耶以“骨骼紧身胸衣”推出了自己的变化版。在2010年巴黎秋/冬时装展上由蒂塔·万提斯（Dita Von Teese，1972-）穿着走秀。20世纪80年代，高提耶率先倡导内衣外穿，这种风貌因麦当娜而出名，她在90年代初名为“金发雄心（Blond Ambition）”的巡回演唱会上在衣服外面穿着圆锥形胸罩和超紧腰带。

夏帕瑞丽接着与法国前卫艺术家和电影制作人让·谷克多（Jean Cocteau，1889-1963）合作，重新使用他的一些非常有个性化的画稿，将它们绣在几件服装上，包括将一个金发美女的全身肖像绣在正装夹克的右边袖子上。由有后见之明的勒萨日（Lesage）刺绣工制成，如今看来，这是显而易见的图形定位。

**左图**

林茨·里德（Linzie Reid，2011/2012）

**右页图**

亚历山大·罗曼尼维兹（Alexander Romaniewicz，2012）

超现实主义运动试图改变人们对理性的认知，并释放他们的想象力，这种尝试是演绎成当代时装设计的理想因素。

# 再造艺术：解构

# The art of reinvention: deconstruction

“穿着仿旧的服装是多么时尚啊！
洛杉矶西边的年轻人穿破旧的、
磨砂的和割破的牛仔服，
看起来像是遭遇海难的人
半年后爬上海岸的样子。”
——大卫·马梅特
（David Mamet，1947–）

如今，在时尚商业街上看到毛边、外露的线迹和仿旧面料的服装乃是司空见惯。约30年前，就算它出现在时尚日程表上也不会得到认可。

鉴于时装销售的就是外观，零售商以悬挂出样将解构服装作为卖点似乎有些不合时宜。这些“皇帝的新装”策略似乎与不惜代价追求尽善尽美的时装传统格格不入。就像你不会考虑在电器商场或者汽车实体店购买受损物品。

当前，人们对古董物的迷恋也不允许有任何的瑕疵。不论是20世纪30年代的复古家具还是凯思·金德斯顿（Cath　Kidston，1958–）对50年代花饰的改头换面，更为重要的是保护原作的品质，绝对不会追求其腐烂效果。那么为何时尚达人要考虑解构？它仿佛意味着品质和美感的价值被完全颠覆。

**右图**

萨比拉·道利（Shabira Dowley，2011）

解构赋予服装不同的美感，提供超越传统的美学价值。

**右页图**

尤珊娜·普罗普（Jousianne Propp，2011年）

服装结构设计中实现多层次效果的技巧是裁剪，通过细致的研究可以展现其隐藏的结构。

通过赋予呈现服装半成品的样貌，今天的设计师们有意地将注意力引向艺术的实际工艺以及设计过程的内在发展过程。未完成的服装体现了他们对知识的理解程度。设计师们的意图在于挑战长久以来的观念——即服装必须完美无缺才能受到推崇，或者才会被视为美丽之物。他们尝试通过展示隐藏的服装结构来引出服装背后的含义。

在速写本中使用解构方法，能让你从调研工作中退后一步，从截然不同的观点回顾并反思其价值。调研工作的解构将释放其潜在的设计潜力，仿佛散开一个已经完成的拼图一般。这可以让你看到构成整体的所有互相关联的组成部分，按照其各自的情况对这些组成部分进行评估。

海恩斯用户手册描述了拆开／重建公式，这是典型的解构／重构方法，被当今时装设计师们广泛采用，形成新的设计和想法。让服装回到其本源的样貌，可以揭示单个部件未来重构时的潜力。

一个人的长相或者癖好可能不符合传统美的标准或者是良好的行为准则，却常常引起特别的注意。雀斑可能是生物学上公认的皮肤瑕疵，但这并不意味着一个人脸上长了雀斑就难看。时装也是如此，服装上撕扯的孔洞或磨损的毛边不应被视为缺乏吸引力的标志，而是服装与众不同或有特别之处的典型特色。它们界定了某件服装的个性——这种设计使其显得出类拔萃、新颖独特。

但是，拿解构来弄虚作假是不足取的。如果服装已经制作完成，再对它进行褪色或者撕裂处理加工，就不是运用解构的方法。解构必须完全真实地表达其根本意义。

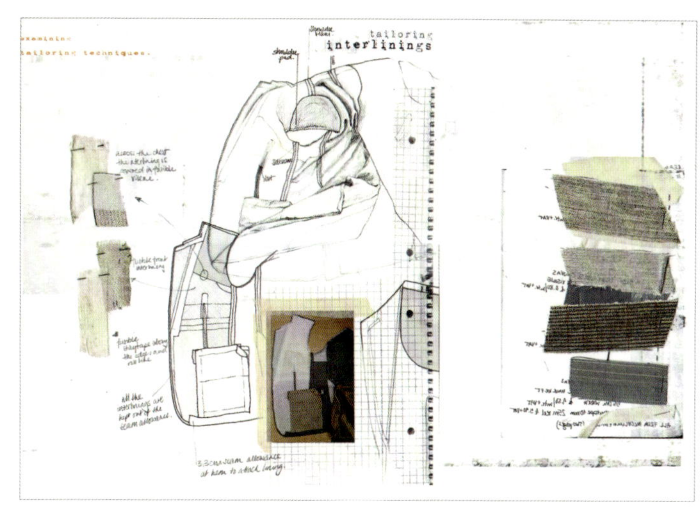


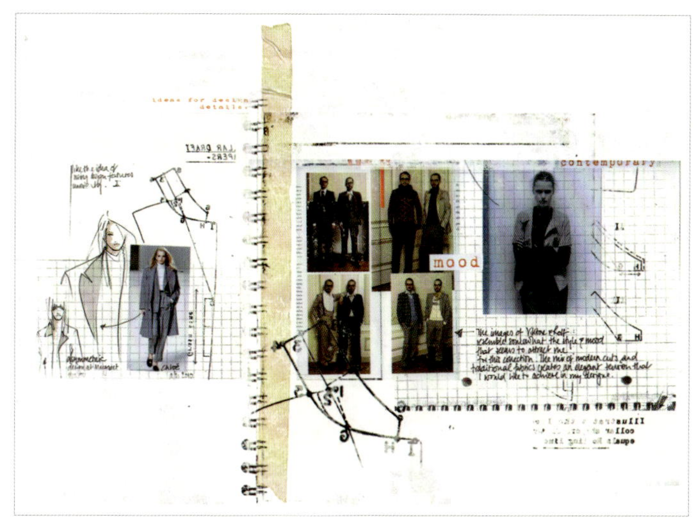


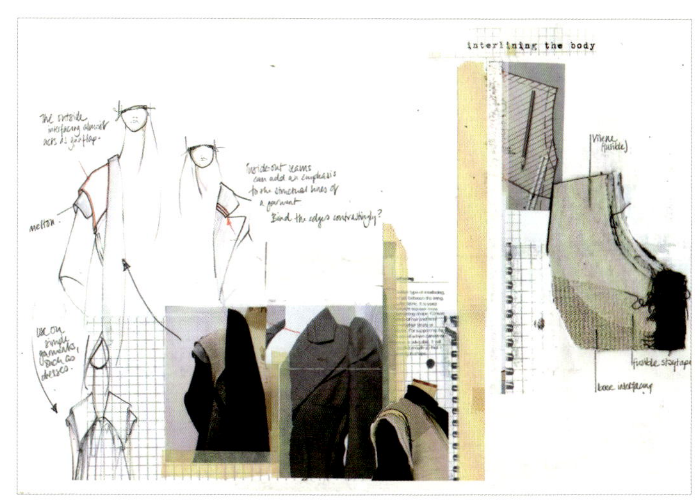

最近人们倾向于穿着仿旧服装，这不是什么新鲜事。这种战时物资紧缺阶段兴起的“修修补补将就用”的美学方式得到流行，成为20世纪时装解构主义第一波浪潮的特色——朋克。20世纪70年代，伦敦的朋克热爱者们重点强调做旧和修补的服装，他们穿着这些服装涌向切尔西英皇大道外围名为“性”的一家小店。

所有朋克的指导原则是离经叛道，与自己视为过度营销和过度生产的社会决裂。他们的目的是以自己的方式开始与主流不同的崭新青年文化。为了实现这一目标，他们刻意偏离了可以接受的音乐、发型和服装。由薇薇安·韦斯特伍德和马尔科姆·麦克拉伦（1946-2010）经营的时装店催生了一种时装新风格，成为朋克摇滚乐队Sex Pistols和The Clash必不可少的装扮。音乐和时装严格遵循同样的DIY自制审美观，同样地进行破坏、毁损和解构处理。服装被故意撕裂、割破或者做旧，然后再使用安全别针和链条粗糙地拼凑在一起。标语和漂白剂污损了面料原来的样子。这些服装“呼唤”着独立，朋克音乐和解构一起成长。

当时薇薇安·韦斯特伍德曾说过：“我有一种内置时钟，一直在反抗任何正统的东西。”

朋克激进风貌受到借鉴和大规模的生产模仿，速度非常之快，而且有点讽刺意味的是，这种风格逐渐进入主流风格，进入了其创始人最初与之抗争的主流。高级时装在应对趋势潮流时并不懈怠，在20世纪80年代的巴黎走秀上，让·保罗·高提耶、山本耀司和川久保玲（1942-）的服装系列也运用了解构方法。

20世纪90年代，在街头，仿旧服装再次复苏兴起，当时西雅图之声（Seattle Sound）在美国活跃一时，垃圾摇滚乐横空出世。与其之前的Sex Pistols乐队一样，Nirvana和Pearl Jam为代表的流行乐巨星们采用了反时尚的着装规范来补充自己的摇滚乐。他们的服装通常邋遢蓬乱，撕破的牛仔裤也慢慢回归主流服装。随后，马克·雅可布（Marc Jacobs，1963-）在佩里·埃利斯（Perry Ellis，1940-1986）1993年春装系列中借用了“非时尚”的垃圾形象，虽然这为他赢得了“垃圾导师”的荣誉，但也成了他遭公司解雇的原因。

**上图**

克莱尔·比林顿

（Claire Billington，2011）

**下图**

罗莎·恩吉

（Rosa Ng，2011）

**右页右图**

埃利诺·特福特（Eleanor Mountfort，2010）

**右页左图**

瑞秋·拉姆（Rachel Lamb，2011）

在时装设计中，磨蚀和重新组装是一种检测手段，用以测试人们可接受的设计底线。亚历山大·麦昆说：“我在奇异怪诞之中发现美。与大多数艺术家一样，我必须强迫人们审视评判一些事物。”

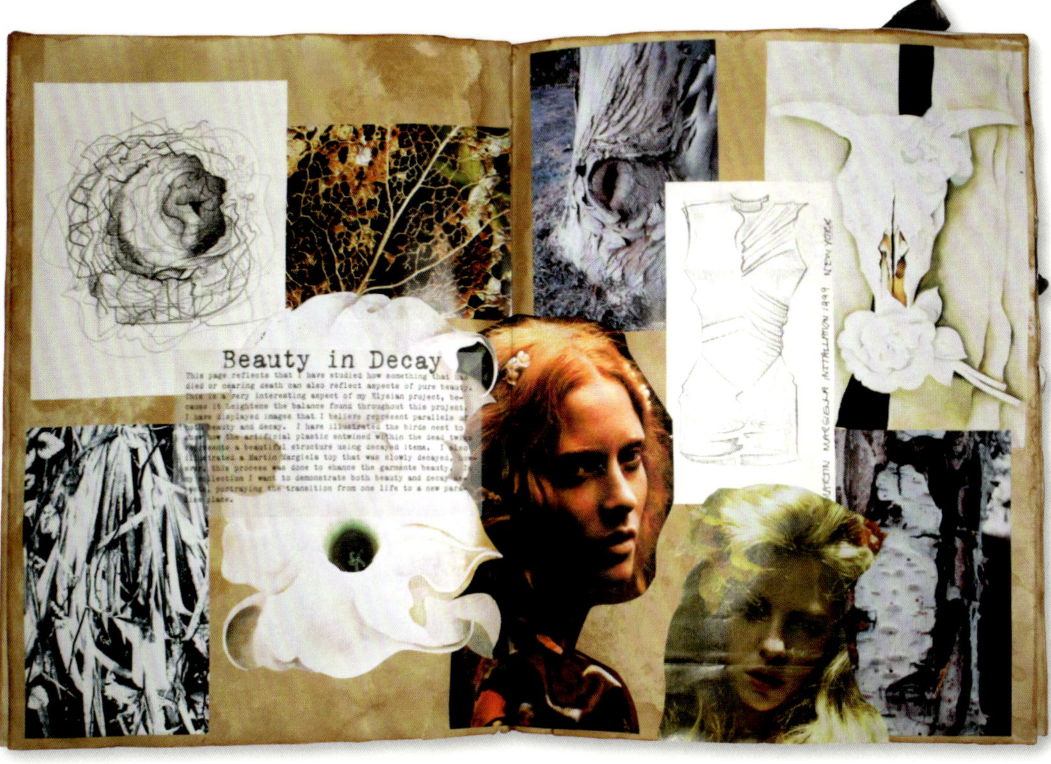


解构的另一个深层次方面不容忽视，即随着时间推移自然解体的后果。锈蚀、腐烂和自然衰败产生了另一种独特形式的意外效果和有机涂鸦。如果你刻意地去寻找，赋予人以灵感的美丽本身就存在于城市和自然的衰败之中，其数量可谓无穷无尽。任何物体的衰败方式都不尽相同，因为取决于当地环境因素和各种不同的条件，自然的力量引发截然不同的效果。每一种个体事物都有能力展现自己独特的吸引力，而这些条件指向时装结论时为设计师们提供了进行重新阐释的大好机会。

早在中央圣马丁艺术学院学习时，侯赛因·卡拉扬就曾监测变化与衰败的过程。在1993年毕业设计“切流”中，他尝试将用腐蚀的铁屑包裹着的服装埋在自家的后花园中。

20世纪有一位时装设计师，他与解构和衰变的联系比其他任何人都更紧密，他就是马丁·马吉拉（Martin Margiela，1957-）。从安特卫普皇家艺术学院毕业后，他成为让·保罗·高提耶的设计助理，工作两年之后，于1988年推出自有品牌MMM（Maison Martin Margiela）。

马吉拉是时装界的班克斯（Banksy，英格兰著名的涂鸦大师），宁愿保持几近隐姓埋名的状态。MMM与设计师的个性全无关联，其重点完全在于独特的创作。就连服装标签也是空白矩形，上面有圆形的标识号码。作为一名概念设计师，他一直在探索当代时装之构成的前沿。马吉拉一直着迷于服装受到侵蚀和腐烂所产生的影响。

众所周知，1997年，他在鹿特丹博物馆举办了展览，展出了18个着装的人形模特，经过处理，能够在服装上孕育不同的霉菌、酵母和细菌。他曾使用染色立体冰块制作饰物，冰块融化后把服装染上蓝色和品红的斑驳条状。MMM的服装解构真正体现了展现服装内部的东西，将结构中隐藏的功能如垫肩、里衬和毛边，作为风格的重点进行公开展示。

## “很久以前……”：使用一个时装概念

现在，你已经熟悉了时装速写本的基本组成部分，并了解了如何寻找和拓展发掘性调研工作，并测试其作为现代时装设计灵感的可行性。现在是将所有的内容整合起来，获得一个代表个人理念的视觉特性或者概念的时候了。这个概念代表高于一切的叙述手法，是确立个人创意的重中之重。有的设计师使用概念作为设计的起点，而有的设计师一边进行调研工作，让概念在这个过程中自然形成。不论采取何种方式，概念至关重要。

时装概念类似于导演的情节串连图板，是解释设计的关键。它解释所有不同调研结果之间联系起来创造新事物的方式，虽然这个新事物并非严格有次序，相反它形成类似于马戏团的帐篷，重新安排其来自不同地方的演员，最终在唯一的马戏篷里吸引观众、愉悦观众。

如何选择设计概念，对任何设计师而言都是非常个人化的考虑。概念要确保研究工作可以发展成不会被错误判断的设计作品。有些时候，设计概念可以转化成为最终设计系列的“卖点”，或者可以是紧密看护的机密，只有在工作室之外或者速写本之外才稍作暗示。

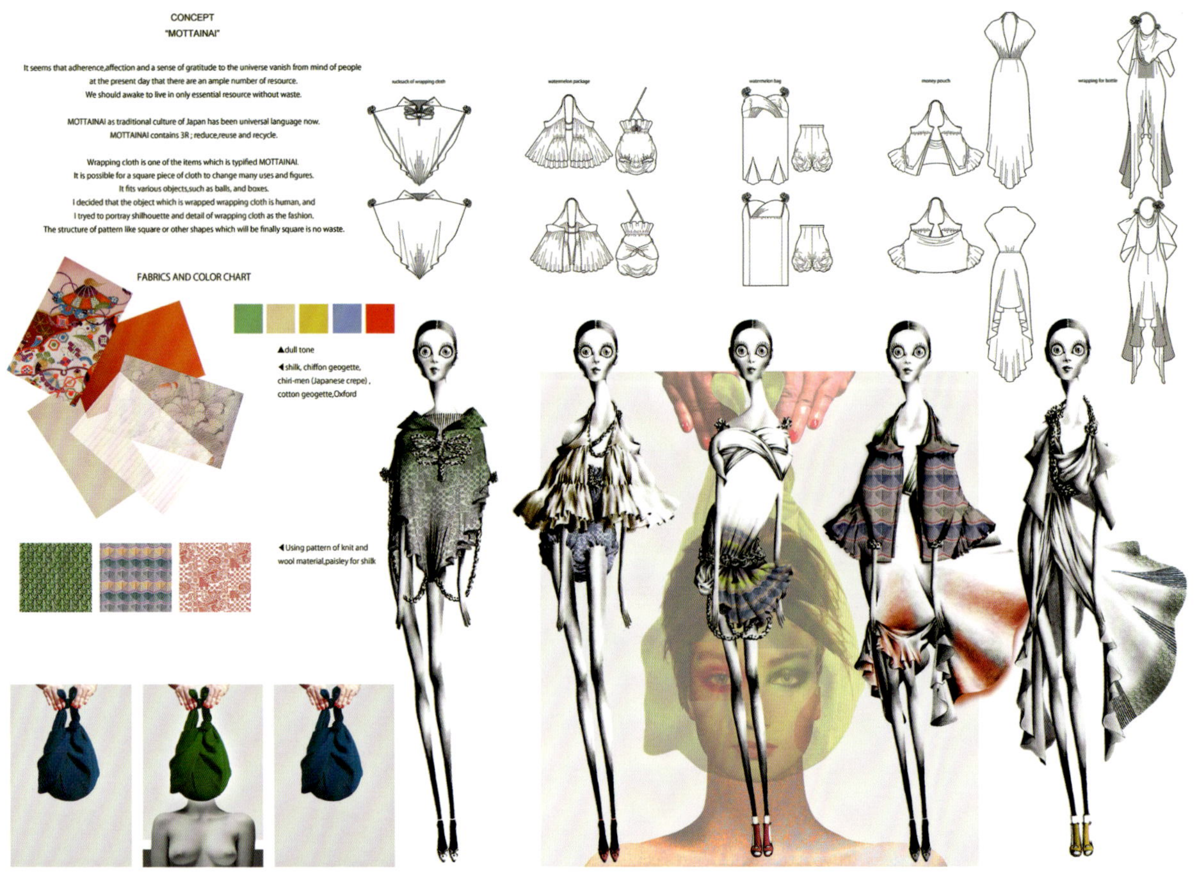


“我喜欢创造一个全新世界的设计师，那个新世界里住着碰巧穿着他所设计的服装的人。人们说着有个性的语言，是永不过时的设计。

我喜欢谈论像马吉拉、赫尔穆特·朗（Helmut Lang）、卡罗尔·克里斯汀·包艾尔（Carol Christian Poell）和李·麦昆（Lee McQueen）这样的设计师。这些人们创造了他们自己的天地。”

——莫妮卡·比耶尔凯特（Monika Bielskyte，1986–）

**右图**

Florestyn（弗莱廷，2011）

**右页图**

优香·神奈川（Yuka Kanagawa，2012）

无论是按照客户的基本要求进行工作，还是研究自己个人的想法，时装概念必须始终是个人的反应。概念可以让你表达自己作为创意设计师的个性，将调研的不同部分引向创立崭新的时装形象。

设计师们往往会在服装系列上附加一个标题或者名号，以此作为确定其设计概念的一种方式。这方便地为设计师的意图提供了业内人士的指导，并且在与服装推广同时进行的T台走秀和新闻报道上展现出来。这种以品牌方式展现时装的方法通常是一场精彩壮观的视觉盛宴，就像用歌剧风格夸大实际的服装，如今这种方式被视为平常之举。亚历山大·麦昆和约翰·加利亚诺（1960-）等都接受了这种实践方法并充分利用时装概念的潜力，在展示服装的T台之外继续宣扬提升自己最新的设计系列。

但是，制定时装系列概念的技巧也并非近来的事情。早在20世纪30年代末开始，意大利的另类设计师艾尔莎·夏帕瑞丽就已经率先使用这些非正统的方法将兴趣点引离那个时代的人们以及自己的竞争对手们。她的设计系列和沙龙时装展示经常使用概念和主题，比起使用特殊背景和舞台灯光的通常的高级时装展，她的展示戏剧效果更强。不像其他的巴黎高级时装设计师，她一直关注自己所创作作品的“整体”外观，更专注全套服装，包括设计配搭的鞋子、帽子、手套和珠宝，以及造型和推广宣传方法。

她的专题系列包括“蝴蝶系列”的变形（1937）、受意大利画家波提切利灵感启发的1938年秋季系列、几何装饰的1938/1939冬季系列、丑角图案装饰的“即兴喜剧系列”（1939年春季）、“乐器”系列（1939年秋）以及最有名的与达利合作的“马戏团系列”（1938年春季）。

艺术家和设计师们经常从某个缪斯身上获得自己设计概念的灵感，无论这个缪斯是虚构的还是真实的人物，他们从事设计工作的时候总是将这个人记在心间。20世纪最著名的例子是60年代的安迪·沃霍尔和伊迪·塞奇威克（1943-1971）。在时装界，雅克·法斯（Jacques Fath）曾与贝蒂娜·格拉齐亚尼（1925-）合作；伊夫·圣·洛朗称赞凯瑟琳·德纳芙（1943-）；马克·雅可布举荐索菲亚·科波拉（1971-）；候司顿（1932-1990）与丽莎·明妮莉（Liza Mmnelli，1946-）合作过；汤姆·福特与前法国*Vogue*总编卡琳·洛菲德（1954-）合作；而亚历山大·麦昆和菲利普·崔西（1967-）都确认伊莎贝拉·布罗（Isabella Blow，1958-2007）是他们的缪斯。然而，在时装界最持久的搭档是纪梵希和奥黛丽·赫本。人们根本无法割断这位女演员的个人形象和纪梵希永恒风格之间的千丝万缕的联系。

速写本制作期间，服装概念就像一个遮盖包装物，不仅宣传设计的情绪和主题，而且将研究内容交织起来，并用新的创意个性隐蔽自己的想法。这是将设计开发专注于某一特定目标之内的一种方法。从两个对立的思路出发亦有可能获得自己的创造性概念——一种直接的或者使用文字叙述的方式，另一种是通过更加抽象的或者概念化的方式。这两种方式同样有效，采用哪一种取决于个人品味和适用性。

叙述性概念的一个范例应该是薇薇安·韦斯特伍德1981年的首次伦敦秀场展示。她接受马尔科姆·麦克拉伦的建议“回溯历史”，研究了伦敦维多利亚和阿尔伯特博物馆收藏的18世纪男装，并设计了雌雄同体的服装系列，随后被标为“海盗系列”，它标志着韦斯特伍德的标志性裁剪技术和剪裁传统。她改造了膨胀的袖子、宽松直角剪裁的衬衫，以及拦路抢劫的强盗和花花公子穿着的裤子，催生出短暂的“新浪漫主义”形象。一些英国乐队迅速采用这种形象，比如亚当和蚂蚁乐队、杜兰·杜兰乐队和施潘道芭蕾舞团。维斯特伍德将各种元素聚在一起的独特方式使得她的设计概念新颖独特，富于挑战性。

或者，可以选择采用较为抽象的方法，通过采用概念化的方法来组织和指导你的调研，拓展当下的时装观念。这是一个非字面意义的解释，因为用传统的时装术语无法轻易地定义这个主题。侯赛因·卡拉扬和马丁·马吉拉在作品中经常使用这种方法；他们都依赖于强调服装和文化之间的创造性配合，并去质疑当下的时装价值。他们不关心季节的色彩变化或者是裙摆高低的改变——他们的理念是运用提出各种问题的概念，而非提供一种零售产品。

20世纪80年代，同样对内容的关注而非商业性的关注也是日本第一代设计师背后的驱动力，他们对西方产生了重大影响。三宅一生、山本耀司、川久保玲和俊雅渡边（Junya Watanabe，1961-）在巴黎成衣展上展示了他们的创新理念、他们激进的概念方法，被认为是反审美的方式。他们独出心裁的剪裁和造型，以及对色彩的无视，都使得欧洲时装工业颇受震动。他们才智过人的艺术方法为随后的概念化设计师浪潮的到来铺平了道路。这些设计师包括荷兰的维果罗夫（维克托·霍斯廷，Viktor Horsting，1969-；罗尔夫·斯诺伦，Rolf Snoeren，1969-）、艾里斯·范·荷本（Iris van Herpen，1984-）、萨拉·乌鲁格特（Sara Vrugt，1981-）和比利时的华尔特·冯·北仑敦克（Walter Van Beirendonck，1957-）、德赖斯·范诺顿（Dries Van Noten，1958-）和安·迪穆拉米斯特（Ann Demeulemeester，1959-）。

**上图**
埃莉诺·蒙特福特
（Eleanor Mountfort，2010）

**中图**
罗莎·恩吉（Rosa Ng，2011）

**下图**
安娜·拉森（Anna Larson，2010）
可以根据初始调研中一个叙述性或者抽象的说明来拓展时装设计概念。

时装设计师以图像的方式充实自己的理念时，最受欢迎的方式是使用情绪板或者主题板。向客户展示情绪板可以使用大幅的图片，或者使用投影仪投射在屏幕上。在速写本中可以缩小情绪板的比例大小，但其重要性不可忽视。由于电脑展示的快速性，最近在学术界情绪板备受诟病。虽然如此，情绪板仍然是整体设计理念中至关重要的一部分，不容忽视。它不能成为一个垃圾场，把乱七八糟的拼贴当成视觉调研在此胡乱堆砌。它需要相当多的创意亮点和想象力，来找出针对设计意图的合适且具有暗示力量的表达方法。向观者表述设计概念时，不要采用太多相互有矛盾的事物，这一点很重要。

使用情绪板讲述自己的故事时，你要考虑以图片呈现的事实具有直观性、创新性和非字面的直白效果。不按常规出牌，这可以提供新见解来支持你的设计概念。想一想，为了激发公众的购买欲望，广告公司创造性地重新包装同一产品，不论是汽车还是牛仔裤。通过将前卫的概念植入自己的想法中，你同样可以避免服装的雷同性。

制作情绪板最好不要过于依赖间接图像。从网络上下载的内容比较容易操作，但它们上传的时候通常都分辨率不高，打印大图的时候图像像素很低。这些图像的易获得性也会降低情绪板的个性风格。请记住，从最新流行杂志中撕扯下来的素材不能赋予你同其他设计师竞争的优势。借用过多当代易识别的时装杂志图像很容易地淹没自己的工作。只要有可能，尽量使用自己拍摄的照片和亲手制作的艺术作品，以确保表现更加独特、有个性。

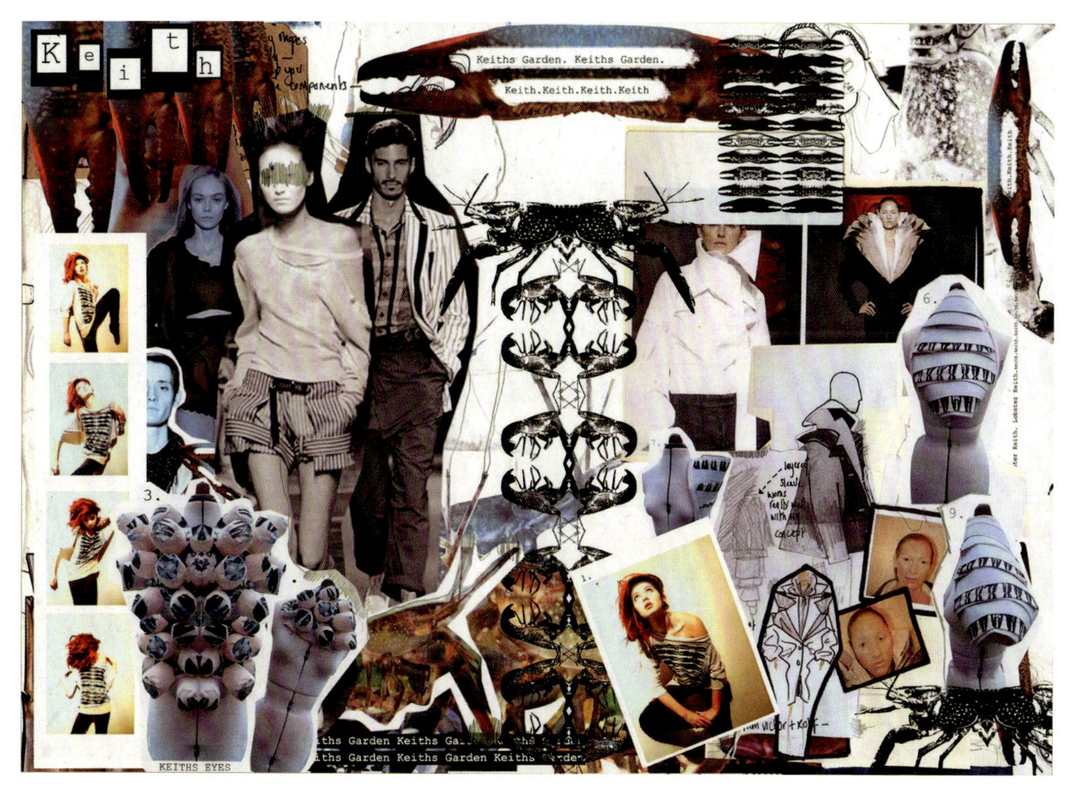


**左图**

杰德·伊丽莎白·汉南（Jade Elizabeth Hannam，2010/2011）

情绪板应能将不同元素聚集在一起，以令人心动的迷人方式表现出来，而且还要表现得清楚明白，不会产生混淆。

## 全局考虑：将它置于一定的情境中

"服装并非存在于真空之中。服装可以体现文化；它反映了我们所处的时代。与任何新闻头条或者电视报道一样，一张出色的服装图片可以告诉你当今世界的面貌，所以要出去走走，去画廊，去剧院，读书，旅游……所有这些都会回过来予你以报偿。"
——安娜·温图尔（Anna Wintour，1949–）

在当今文化多元的社会里，时装被认为是一个充满活力的文化和艺术事业。尽管如此，不可孤立于其所处的不断变化的世界来看待它。时装总被认为是其所处时代和文化的反映，它永远不可以停滞不前。时代变迁，对时装产生影响，也推动时装不停地重新评估其目的和重要性。时装的功能反应了当时社会的经济、政治和文化的需求。当时这一点未必显而易见，但在经历一段时间后，时装和风格的相互影响都极易察觉。

你已经学会了如何在调研中并置多样化的元素，以此创造的新的关联性有助于新的设计可能性的产生。释放调研结果隐藏的潜力还有一种方式，即交叉对比世界各地同期发生的重大事件和最新发展。不论是出于政治和战争原因或者是出于社会和生态的考虑，时装设计师总是将此时此刻融入所设计的服装中。

“时装是一个时代的缩影，能够给我们讲述它自己的故事，比演讲动人得多。”

——卡尔·拉格菲尔德

20世纪的每一种服装造型或者趋势，都可以看成是当时政治气候和经济环境的反映。经济学家经常引证声称在繁荣时期（1920-1960）女性的裙摆上提，相反在经济糟糕的时候（1930年和1970年）裙摆下降。在速写本中展示调研背景，来解释在大文化环境中这些设计和品味的波动，这样做非常重要。通过对服装表面光鲜之下的挖掘研究，你能够展示图像和社会变革之间的共生关系和重大意义。

时间表的建立将拓展调研的历史意义，并在全球视野范围内提高其重要性。通过了解服装的过去，你将能够更好地创造未来。下一页是一张20世纪的时间表，精确记录了每十年中文化和历史事件背景下的服装概况。

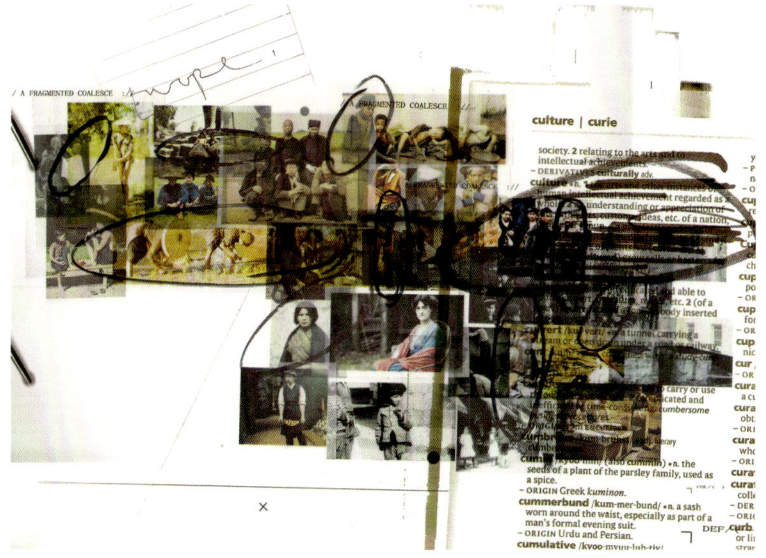


**左页图**

凯莉·亚历山大（Kerrie Alexander，2012）

“去势的状态”

这个调研的时代背景是2011年8月英国大范围的骚乱以及参与者非官方的镇压。

**上图和中间图**

费利西蒂·巴格特（Felicity Baggett，2009）

**下图**

露西·泰勒（Lucy Taylor，2012）

| 艺术界 | 流行文化 |
| --- | --- |
| **1902：**古斯塔夫·克林姆（1862-1918）绘制了《贝多芬横饰带》<br>**1902：**路易斯·康福特·蒂芙尼（1848-1933）在纽约开设蒂芙尼工作室<br>**1905：**Die Brucke集团（‘The Bridge’）在德累斯顿创立表现主义<br>**1905：**巴黎的秋季沙龙展参展者被称为野兽派（“野兽”）<br>**1907：**毕加索（1881-1973）的《阿维尼翁的少女》展示了立体主义<br>**1908：**被称为纽约“垃圾箱画派”的8位写实画家举行展览<br>**1909：**谢尔盖·佳吉列夫（1872-1929）在巴黎歌剧院建立了芭蕾舞团<br>**1909：**菲利普·马里内蒂（1876-1944）在巴黎发表了他的“未来主义宣言” | **1900：**斯科特·乔普林（1867-1917）的拉格泰姆音乐开始跳舞热潮<br>**1900：**乔治·伊士曼推出柯达布朗尼照相机<br>**1902：**乔治·梅里爱（1861-1938）导演的《月球旅行记》在巴黎上映<br>**1902：**泰迪熊以美国总统西奥多·罗斯福（1858-1919）的名字命名<br>**1903：**威廉·S·哈雷和阿瑟·戴维森生产首部摩托车<br>**1903：**埃德温·鲍特（1870-1941）导演并摄制首部叙事性电影《火车大劫案》<br>**1906：**加拿大发明家费森登首创音乐广播电台<br>**1907：**路易·卢米埃尔（1864-1948）开发了彩色摄影<br>**1908：**福特汽车公司组装首台T型汽车 |
| **1911：**在慕尼黑成立“蓝骑士”，对抽象艺术的发展有重大影响<br>**1913：**马塞尔·杜尚（1887-1968）创建动态雕塑的自行车车轮<br>**1913：**在巴黎举行斯特拉文斯基（1882-1971）著名的芭蕾舞曲《春之祭》首映式<br>**1914：**温德姆·斯（1882-1957）和其他艺术家协会在英国推出旋涡主义画派<br>**1915：**弗拉基米尔·塔特林（1885-1953）在俄罗斯创立了结构主义<br>**1915：**卡济米尔·谢韦里诺维奇·马列维奇在俄罗斯开创至上主义<br>**1915：**苏黎世达达主义运动的发起<br>**1917：**马塞尔·杜尚（1887-1968）在纽约展出了一个翻转的尿壶<br>**1919：**沃尔特·格罗皮乌斯在魏玛创办包豪斯学院 | **1912：**德国女演员亨妮·波滕（1890-1960）成为首位电影“明星”<br>**1912：**麦克·塞纳特（1880-1960）创立基石工作室，制作“滑稽”电影<br>**1913：**纽约齐格菲歌舞团推出狐步舞<br>**1913：**探戈成为横扫欧美的舞蹈热潮<br>**1915：**大卫-沃德·格里菲斯（1975-1948）导演了史诗电影《一个国家的诞生》<br>**1916：**巴西录制的一首歌曲“Pelo Telefone”介绍“桑巴”<br>**1917：**新奥尔良制作首个商业爵士乐录音“侍从布鲁斯”<br>**1919：**罗伯特·威恩（1880-1938）指挥首部表现主义电影《卡里加利博士的小屋》 |
| **1923：**阿诺德·勋伯格（1874-1951）介绍了十二音阶体系<br>**1924：**安德烈·布勒东（1896-1966）发出首个超现实主义宣言<br>**1924：**乔治·格什温（1898-1937）在纽约首演《蓝色狂想曲》<br>**1925：**L’Exposition des Arts Dé coratifs et Industriels Modernes介绍了装饰艺术<br>**1925：**在巴黎举办超现实艺术展览<br>**1926：**亚力山大·考尔德（1898-1976）创造了活动雕塑的玩具马戏团<br>**1926：**安东尼·高迪（1852-1926）去世，留下尚未完成的圣家族大教堂<br>**1929：**现代艺术博物馆在纽约开馆 | **1920：**玛米·史密斯（1883-1946）在Okeh Record录制首张布鲁斯蓝调唱片<br>**1922：**詹姆斯·乔伊斯（1882-1941）出版《尤利西斯》<br>**1922：**英国广播公司（BBC）开始无线广播<br>**1923：**棉花俱乐部在哈莱姆开业，主演都是黑人艺人<br>**1923：**詹姆斯·约翰逊（1894-1955），音乐剧《飞奔野生》开创查尔斯顿舞<br>**1925：**约瑟芬·贝克（1906-1975）借巴黎的《黑人活报剧》（La Revue negre）出道<br>**1926：**弗里茨·朗（1890-1976）导演作品《大都会》<br>**1927：**在纽约第一部有声电影《爵士歌手》首映<br>**1928：**米老鼠在迪士尼公司（1901-1966）的《威利汽船》中首次亮相<br>**1928：**路易斯·布努埃尔（1900-1983）与萨尔瓦多·达利（1940-1989）共同执导《一条安达鲁狗》 |
| **1932：**安塞尔·亚当斯（1902-1984）、伊莫金·坎宁安（1883-1976年）和爱德华·韦斯顿（1886-1958年）在旧金山成立了向一张“纯粹”照片致敬的Group f/64<br>**1933：**迭戈·里维拉（1886-1957）为纽约洛克菲勒中心创作了一幅壁画<br>**1933：**约瑟夫·阿尔伯斯（1888-1976）在北卡罗莱纳州创立黑山学院<br>**1936：**马克斯·比尔在苏黎世出版了他的宣言“Konkrete Gestaltung”<br>**1937：**萨尔瓦多·达利（1904-1989）绘制蜕变的德纳西斯<br>**1937：**毕加索（1881-1973）的《格尔尼卡》在巴黎展出<br>**1939：**伊夫·唐基（1900-1955）绘制《时代的家具》 | **1931：**EMI唱片公司在伦敦亚比路开办世界最大的录音棚<br>**1931：**102层高的帝国大厦在纽约建成<br>**1933：**伊格纳西奥·皮内罗（1888-1969）发布“ÉchaleSalsita”，推出“莎莎”舞曲<br>**1936：**柏林夏季奥运会成为纳粹党有力的成功宣传<br>**1936：**查理·卓别林（1889-1977）执导和主演了《摩登时代》<br>**1938：**大众推出了首部甲壳虫汽车<br>**1939：**超人漫画首次亮相<br>**1939：**鲍勃·凯恩（1915-1998）的《蝙蝠侠》首次作为日常漫画亮相<br>**1939：**MGM发行了《乱世佳人》和《绿野仙踪》 |
| **1940：**在法国拉斯科发现石器时代洞穴壁画<br>**1942：**爱德华·霍珀（1882-1967年）绘制《夜鹰》<br>**1942：**阿尔贝·加缪（1913-1960年）和让-保罗·萨特（1950年—1980年）创立存在主义<br>**1944：**弗朗西斯·培根（1909-1992年）绘制三联画《以受难为题的三张习作》<br>**1945：**杰克逊·波洛克（1912-1956年）以“飞溅”画作开始抽象表现主义<br>**1945：**让·杜布菲（1901-1985年）开始收集“原生艺术”<br>**1947：**在巴勒斯坦的遗迹基伯昆兰发现死海古卷<br>**1947：**亨利·马蒂斯（1869年-1954年）出版剪纸作品《爵士》<br>**1948：**皮埃尔·谢弗（1910-1995年）开发“具象音乐”<br>**1948：**卡雷尔·阿佩尔（1921-2006年）创立斑点主义艺术流派COBRA，开创抽象绘画<br>**1949：**乔治·奥威尔（1903年至1950年）的小说《1984》出版<br>**1949：**阿瑟·米勒（1915-2005年）出版《推销员之死》 | **1940：**彼得·德马克（1906-1977）展示首台彩色电视<br>**1941：**吉莱斯皮（1917-1993）、查理·帕克（1920-1955）和塞隆尼斯·孟克（1917-1982）在哈莱姆Mintons爵士俱乐部推出“比波普”（Bebop）<br>**1941：**奥森·威尔斯（1915-1985）执导《公民凯恩》<br>**1941：**“El Rancho拉斯维加斯酒店”成为后来拉斯维加斯大道的首个赌场<br>**1942：**T恤作为外衣受到《生活杂志》的推广<br>**1945：**罗伯托·罗西里尼（1906-1977）的电影《罗马，不设防的城市》开创新现实主义<br>**1946：**马蒂·沃特（1915-1983）在切斯唱片公司发行了首张“节奏和布鲁斯”唱片<br>**1947：**飞行员肯尼思·阿诺德（1915-1984）成为美国第一位不明飞行物UFO的目击者<br>**1948：**里奥·芬德（1909-1991）发明了电吉他<br>**1949：**RCA Victor唱片公司推出7寸45转黑胶唱片<br>**1949：**迈尔士·戴维斯（1926-1991）诺内特创立“酷派爵士乐” |

| | 设计师 | 里程碑事件 |
|---|---|---|
| 1900—1909 | 贝德里赫 · 斯美塔那（Gustav Beer，1875 - 1953）<br>谢吕夫人（Madeleine cheruit，1935- ）<br>乔治 · 杜耶列特（Georges Doeuillet，1865 - 1928）<br>捷克 · 杜塞（Jacques Doucet,1853 - 1929）<br>尼克尔 · 格劳特（Nicole Groult，1880 - 1940）<br>查尔斯 · 克莱恩（Charles Klein，1867 - 1915）<br>保罗 · 普瓦雷（Paul Poiret，1879 - 1944）<br>卡洛琳 · 瑞布克思（Caroline Reboux，1837 - 1927）<br>梅森 · 雷德芬（Maison Redfern，1881生于伦敦）<br>查尔斯 · 弗雷德里克 · 沃斯斯（Charles Frederick Worth, 1825 - 1995 | **1900：** 西格蒙德 · 弗洛伊德（1856 - 1939）出版《梦的解析》<br>**1901：** 维多利亚女王（1819-1901）去世<br>**1901：** 马可尼（1874 - 1937）发送首个电报电台消息<br>**1903：** 埃米琳 · 潘克赫斯特（1858 - 1928）成立了妇女社会政治联盟<br>**1903：** 莱特兄弟在北卡罗莱纳州飞行第一辆电动飞机<br>**1905：** 阿尔伯特 · 爱因斯坦（1879-1955）提出相对论（E = mc2）<br>**1906：** 旧金山大地震摧毁城市<br>**1906：** 英国工党成立<br>**1909：** 路易 · 布莱里奥（1872 - 1936）37分钟内驾驶飞机穿越英吉利海峡 |
| 1910—1919 | 珍妮 · 阿黛勒 · 伯纳德（Jeanne Adele Bernard ,1872 - 1962）<br>卡洛姊妹（Callot Soeurs，1895 - 1952）<br>拜伦 · 克里斯托弗 · 冯 · 德里克尔（Baron Christoff von Drecoll，1851 - 1933）<br>杜夫-高顿女勋爵（Lady Duff-Gordon Lucile, 1863 - 1935）<br>马瑞阿诺 · 佛坦尼（Mariano Fortuny，1871 - 1949）<br>珍妮 · 哈雷尔（Jeanne Hallée，1880 - 1914）<br>赫伯特 · 路耶（Herbert Luey，1860 - 1916）<br>玛利亚 · 莫娜奇-戛楼咖（Maria Monaci-Gallenga，1880 - 1944）<br>珍妮 · 帕昆（Jeanne Paquin，1869 - 1936）<br>埃麦尼吉尔多 · 杰尼亚（Ermenegildo Zegna，1892 - 1966） | **1912：** 泰坦尼克号在北大西洋沉没<br>**1912：** 卡尔 · 荣格（1875-1961）出版《无意识的心理》<br>**1914：** 第一次世界大战在巴尔干爆发<br>**1914：** 美国和巴拿马开放巴拿马运河<br>**1916：** 玛格丽特 · 希金斯桑格（1879 - 1966）开设首个节育诊所<br>**1917：** 俄国，弗拉基米尔 · 列宁（1870-1924）领导布尔什维克革命<br>**1918：** 西班牙流感造成全球范围内20万人死亡<br>**1918：** 第一次世界大战结束<br>**1919：** 爱尔兰共和军成立，为建立独立国家爱尔兰而战<br>**1919：** 阿富汗从英国独立 |
| 1920—1929 | 路易斯 · 布朗杰（Louise Boulanger，1806 - 67）<br>加布里埃 · 可可 · 香奈儿（Gabrielle ‘Coco’ Chanel，1883 - 1971）<br>索尼娅 · 德朗尼（Sonia Delauney，1885 - 1979）<br>珍妮 · 朗万Jeanne Lanvin （1867 - 1946）<br>萨尔瓦多 · 菲拉格慕（Salvatore Ferragamo，1898 - 1960）<br>卢西安 · 勒隆（Lucien Lelong，1889 - 1958）<br>马歇尔和阿曼德（Martial & Armand, 1884 - 1960）<br>爱德华 · 莫林诺克斯（Edward Molyneux，1891 - 1974）<br>露西尔 · 帕拉（Lucile Paray，1863 - 1935）<br>让 · 巴杜（Jean Patou，1880 - 1936） | **1920：** 美国宪法第18条修正案禁止售酒<br>**1920：** 圣雄甘地（1869-1948）于印度开展非暴力解放运动<br>**1920：** 美国宪法第19条修正案赋予妇女投票权<br>**1922：** 意大利法西斯党领袖墨索里尼（1883 - 1945）夺取权力，<br>**1922：** 列宁创建苏联<br>**1924：** 苏联，弗拉基米尔 · 列宁去世，约瑟夫 · 斯大林（1879-1953）夺取权力<br>**1925：** 埃德温 · 哈勃（1889-1953）发现银河系以外的第一个星系<br>**1927：** 查尔斯 · A · 林德伯格（1902 - 1974）历时33.5小时从纽约直飞巴黎<br>**1928：** 亚历山大 · 弗莱明（1881-1955）发现青霉素<br>**1929：** 美国股市崩溃引发经济大萧条 |
| 1930—1939 | 奥古斯塔 · 伯纳德（Augusta Bernard，1886 - 1940）<br>格蕾夫人（Alix ‘Madame’ Grès，1903 - 1993）<br>雅克 · 海姆（Jacques Heim，1899 - 1967）<br>梅因布彻（Mainbocher，1890 - 1976）<br>罗伯特 · 贝格（Robert Piguet，1898 - 1953）<br>马萨尔 · 罗莎（Marcel Rochas，1902 - 1955）<br>梅吉 · 罗夫（Maggy Rouff，1896 - 1971）<br>艾尔莎 · 夏帕瑞丽（Elsa Schiaparelli，1890 - 1973）<br>维克托 · 斯蒂贝尔（Victor Stiebel，1907 - 1976）<br>玛德琳 · 薇欧奈（Madeleine Vionnet，1876 - 1975） | **1932：** 阿米莉亚 · 埃尔哈特（1897 - 1937）成为单飞横跨大西洋第一人<br>**1932：** 奥斯瓦尔德 · 莫斯利爵士（1896-1980）创立法西斯英联<br>**1933：** 纳粹党领导阿道夫 · 希特勒（1889 - 1945）被任命为德国总理<br>**1934：** 在苏联约瑟夫 · 斯大林开始清洗共产党<br>**1934：** 在中国毛泽东（1893-1976）领导红军长征<br>**1936：** 英国国王爱德华八世（1894-1972）退位，娶沃利斯 · 辛普森<br>**1936：** 社会主义者和弗朗哥的民族主义者之间爆发西班牙内战<br>**1938：** 兴登堡飞艇试图停靠新泽西州时着火<br>**1939：** 德军入侵波兰，第二次世界大战开始 |
| 1940—1949 | 马塞勒 · 阿利克斯（Marcelle Alix，1941 - 59）<br>吉恩 · 德赛（Jean Dessès，1904 - 1970）<br>克里斯汀 · 迪奥（Christian Dior，1905 - 1957）<br>雅克 · 菲斯（Jacques Fath，1912 - 1954）<br>杰曼 · 勒康姆特（Germaine Lecomte，1889 - 1966）<br>马德琳 · 劳赫（Madeleine de Rauch，1896 - 1985）<br>妮娜 · 里奇（Nina Ricci，1883 - 1970）<br>梅吉 · 罗夫（Maggy Rouff，1896 - 1971）<br>宝琳 · 特拉杰热（Pauline Trigère，1909 - 2002）<br>玛德琳 · 乌拉曼特（Madeleine Vramant，活跃于20世纪40年代） | **1941：** 日本偷袭夏威夷珍珠港，美国加入第二次世界大战<br>**1945：** 美国在日本的广岛和长崎投下两颗原子弹<br>**1945：** 联合国组织于纽约成立<br>**1945：** 第二次世界大战结束<br>**1946：** 温斯顿 · 丘吉尔爵士（1874 - 1965）发表“铁幕”演说<br>**1946：** 第一个非军用电子计算机（ENIAC）诞生<br>**1947：** 印度和巴基斯坦宣布独立<br>**1947：** 犹太人在巴勒斯坦拥有自己的国家<br>**1947：** 试飞员“查克”耶格尔（1923- ）突破音障<br>**1948：** 圣雄甘地（1869-1948）遭印度教极端分子刺杀<br>**1948：** 南非政府种族隔离政策分开白人和黑人<br>**1949：** 毛泽东在中国赢得共产主义的胜利<br>**1949：** 西欧国家和美国成立北约 |

| 艺术界 | 流行文化 |
| --- | --- |
| **1951：** 卢西安 · 弗洛伊德（1922－2011）为英国节绘制“帕丁顿室内”<br>**1951：** 抽象绘画法创建欧洲版美国抽象表现主义<br>**1952：** 卡尔海因茨 · 施托克豪森（1928－2007）谱写首曲“电子音乐”<br>**1952：** 哈罗德 · 罗森伯格（1906－1978）创造术语“行动绘画”<br>**1956：** 理查德 · 汉密尔顿（1922-2011）的“究竟是什么使今天的家庭如此不同，如此吸引人？”在伦敦白教堂美术馆展出<br>**1958：** 伊夫 · 克莱因（1928-1962）名为《虚无》（Le Vide）的画展开幕，开创“概念艺术”<br>**1959：** 阿伦 · 卡普罗（1927－2006）在纽约鲁本画廊展出“六部分的十八个事件”，引入了“行为艺术” | **1953：** 伊恩 · 弗莱明（1908-1964年）出版了首部詹姆士 · 邦德系列小说《皇家赌场》<br>**1955：** 伊利诺伊州德斯普兰斯麦当劳特许经营连锁餐厅开业<br>**1955：** 蓝调歌王雷 · 查尔斯（1930-2004）录制处女作《我有一个女人》<br>**1955：** 加利福尼亚州阿纳海姆第一个迪斯尼乐园开业<br>**1955：** 美国著名演员詹姆斯 · 迪恩（1931-1955年）在加州乔莱姆附近466路死于一场车祸<br>**1956：** 猫王（1935-1977年）发行第一张销售突破100万张的唱片《伤心旅馆》<br>**1958：** 东映动画制作成第一部彩色动漫电影《白蛇传》<br>**1959：** 亚历克 · 伊斯哥尼斯（1906-1988年）设计小型车<br>**1959：** 美泰公司推出芭比娃娃<br>**1959：** 底特律汽车城成立；The Miracles 乐队发表《坏女孩》 |
| **1962：** 安迪 · 沃霍尔（1928-1987）的玛丽莲 · 梦露双联画（The Marilyn Diptych）标志波普艺术的到来<br>**1964：** 查理斯 · 苏黎（1922-）制作首幅“电脑艺术”<br>**1965：** 约瑟夫 · 科苏斯（1945-）创造了装置艺术“一和三把椅子”<br>**1965：** 特里 · 莱利的（1935-）“In C”推出极简音乐<br>**1965：** 维也纳行动主义的宗旨是为了进行“人体艺术”<br>**1966：** 卡尔 · 安德烈（1935-）的“相等物之八”展出<br>**1967：** 达里尔 · 麦克雷（1954-），又名“玉米面包”在费城创建了“涂鸦艺术”<br>**1967：** 索尔 · 勒维特（1928-2007）创造了“概念艺术”一词<br>**1967：** 唐纳德 · 贾德（1928-1994）的展品“无题”<br>**1968：** 路易 · K · 迈泽尔（1942-）创立的照相写实主义艺术运动<br>**1969：** “艺术与语言”组成立，以促进“概念艺术” | **1960：** 在牙买加出现“雷格乐”音乐<br>**1961：** 约瑟夫 · 海勒（1923-1999年）出版《第二十二条军规》<br>**1962：** 玛丽莲 · 梦露（1926-1962年）死于服药过量<br>**1962：** 斯坦 · 李（1922-）首次出版蜘蛛侠漫画书<br>**1962：** 披头士乐队第一次在伦敦的艾比路录音室录音<br>**1965：** “13楼电梯的迷幻声音”推出“迷幻”音乐<br>**1966：** 英格兰赢得世界杯足球赛<br>**1967：** 旧金山海特－阿什伯里《爱的第一个夏天》开幕<br>**1967：** 地下丝绒乐队、大门乐队和平克 · 弗洛伊德乐队推出“迷幻摇滚”<br>**1968：** 斯坦利 · 库布里克（1928-1999年）执导《2001：太空漫游》<br>**1969：** King Crimson乐队、平克 · 弗洛伊德乐队， Yes乐队打造“前卫摇滚”<br>**1969：** 伍德斯托克音乐节在纽约伯特利Max Yasgu’s的（1919年至1973年）奶牛场上举行 |
| **1970：** 罗伯特 · 史密森（1938-1973）的“螺旋形防波堤”引入大地艺术<br>**1971：** 大卫 · 霍克尼（1937-）绘制“先生和夫人克拉克和珀西”<br>**1972：** 英国伦敦的泰特美术馆收藏卡尔 · 安德烈（1935-）的“平衡8号”<br>**1973：** 哈罗德 · 科恩（1928-）加入斯坦福大学的人工智能实验室开发AARON软件来模拟写意画<br>**1974：** 在中国陕西省西安出土兵马俑<br>**1977：** 辛迪 · 舍曼（1954-）开始她的摄影作品“无题电影剧照”<br>**1977：** 乔治 · 寇兹（1936-）在加州伯克利成立“Perfomance works”<br>**1979：** 朱迪 · 芝加哥（1939-）展出了她的装置艺术“晚餐聚会” | **1970：** 纽约首次同性恋骄傲游行活动纪念石墙暴动<br>**1971：** 葛罗莉亚 · 斯坦能（1934-）创办第一代女权主义杂志《Ms》<br>**1971：** 井上大佑（1940-）在日本神户建立了第一个“卡拉OK”机<br>**1972：** 马努 · 迪邦戈（1933-）的“灵魂马库萨”推出的“迪斯科音乐”<br>**1972：** 飞利浦推出第一个盒式视频磁带录像机（VCR）<br>**1973：** 美国公共广播公司PBS在电视上播放第一个“真人秀”——“一个美国家庭”<br>**1974：** 艾尔诺 · 鲁毕克（1944-）发明机械立方拼图<br>**1975：** 性手枪乐队在伦敦圣马丁艺术学院推出第一场演出<br>**1975：** 克莱夫“大力神”坎贝尔（1955-）成为“嘻哈”音乐先驱<br>**1977：** 猫王葬礼在田纳西州孟菲斯雅园举行<br>**1977：** 乔治 · 卢卡斯（1944-）执导《星球大战》<br>**1978：** 西角友宏（1944-）发布游戏“太空侵略者” |
| **1980：** 乔治 · 巴塞利兹（1938-）在威尼斯双年展展出了他的第一件雕塑作品<br>**1980：** 让 · 米歇尔 · 巴斯奎特（1960-1988）和朱利安 · 施纳贝尔（1951-）在纽约开始展出新表现主义艺术<br>**1981：** 凯斯 · 哈林（1958-1990）在纽约的Westbeth Painter Space首次开展<br>**1981：** 第一个ARCO国际当代艺术展在马德里举行<br>**1981：** “孟菲斯集团”首展在米兰举行<br>**1983：** 菲利普 · 斯塔克（1949-）翻修巴黎爱丽舍<br>**1985：** 巴黎克里斯托（1935-）用锦纶包装新桥<br>**1986：** 杰夫 · 昆斯（1955-）创造不锈钢兔子雕塑<br>**1989：** 罗伯特 · 梅普尔索普（1946-1989）的“完美的瞬间”展览在华盛顿科克伦艺术画廊举行 | **1980：** “霹雳舞”成为舞蹈狂潮<br>**1980：** 约翰 · 列侬（1940-1980）在纽约被马克 · 查普曼（1955-）刺杀身亡<br>**1980：** 日本发行街机电子游戏“吃豆人”<br>**1981：** MTV开始从纽约广播<br>**1981：** 在底特律胡安 · 阿特金斯（1962-）开始制作TECHNO音乐唱片<br>**1982：** 雷德利 · 斯科特（1937-）执导《银翼杀手》<br>**1982：** 庄园夜总会在曼彻斯特开幕<br>**1982：** 大友克洋（1954-）撰写朋克漫画《阿基拉》<br>**1984：** 杰西 · 桑德斯（1962-）“前进进”开创“房子”HOUSE音乐<br>**1984：** 盖 · 拉利伯特（1959-）在魁北克省Baie-Saint-Paul创立的太阳剧团<br>**1985：** 伦敦的温布利大球场和费城J · F · ķ体育场演出“现场援助” |
| **1992：** Joseph Nechvatal（1951-）的“计算机病毒项目”得出实验结果<br>**1994：** Vuk Cosic（1966-）和阿列克谢舒利（1963-）发动了“网络艺术”运动<br>**1994：** 在法国南部发现30,000以前的Chauvet-Pont-d’Arc洞穴壁画<br>**1997：** 查尔斯 · 萨奇（1943-）在伦敦的皇家艺术学院举办展览“感觉”，共同参与的还有达明安 · 赫斯特（1965-）、莎拉 · 卢卡斯（1962-）和翠西 · 艾敏（1963-）<br>**1998：** 古根海姆博物馆举办罗伯特 · 劳森伯格（1925-2008）回顾展<br>**1999：** Camille Utterback（1970-）的“Text Rain”开创了互动数字艺术<br>**1999：** 爱德华多 · 卡茨（1962-）创做了第一个“转基因”艺术作品“创世纪” | **1991：** 在华盛顿西雅图出现“垃圾”音乐和时装<br>**1991：** NWA的歌曲“Efil4zaggin”成为第一个“gangsta rap”类音乐专辑登上Billboard排行榜榜首<br>**1993：** 日本索尼计算机娱乐推出他们的家用电视游戏机PlayStation<br>**1993：** 马克 · 洛厄尔 · 安德森（1971-）推出了第一个Web浏览器Mosaic<br>**1994：** 昆汀 · 塔伦蒂诺（1963-）执导《低俗小说》<br>**1995：** 约翰 · 拉塞特（1957-）的电影《玩具总动员》首部电脑制作的动画电影<br>**1996：** 东芝在日本推出DVD<br>**1997：** 詹尼 · 范思哲（1946-1997）被枪杀于佛罗里达州迈阿密海滩<br>**1999：** 肖恩 · 范宁（1980-）发布了Napster音乐分享平台<br>**1999：** Breitling Orbiter 3是第一个环绕地球不停飞行的热气球 |

| | 设计师 | 里程碑事件 |
|---|---|---|
| 1950—1959 | 克里斯托巴尔·巴伦西亚加（Crist ó bal Balenciaga，1895 - 1972）<br>皮埃尔·巴尔曼（Pierre Balmain，1914 - 1982）<br>休伯特·德·纪梵希（Hubert de Givenchy，1927-）<br>诺曼·哈特奈尔（Norman Hartnell，1901 - 1979）<br>查尔斯·詹姆斯（Charles James，1906 - 1978）<br>赫伯特·贾斯伯（Herbert Kasper，1926-）<br>安妮·克莱因（ Anne Klein，1923 - 1974）<br>克莱尔·麦卡德尔（Claire McCardell，1905 - 1958）<br>诺曼·诺尔（ Norman Norell，1900 - 1972）<br>埃米利奥·璞琪（Emilio Pucci，1914 - 1992） | **1950:** 伊利诺伊州玛丽医院成功进行首次器官移植<br>**1950:** 朝鲜战争爆发<br>**1950:** 美国参议员约瑟夫·麦卡锡（1908-1957年）开始了对“地下”共产主义的“政治迫害”<br>**1951:** 卡尔·杰拉西（1923-）在墨西哥城Syntex实验室发明了节育丸<br>**1952:** 英王乔治六世（1895-1952）去世，伊丽莎白公主（1926-）25岁登基成为女王，<br>**1953:** 詹姆斯·沃森（1928-）和弗朗西斯·克里克（1916-2004）发现DNA的结构<br>**1954:** 罗杰·班尼斯特（1929-）在英国牛津四分钟内跑一英里<br>**1955:** 8个共产主义国家草拟了华沙条约组织<br>**1957:** 苏联发射第一颗人造卫星——人造地球卫星1号<br>**1959:** 菲德尔·卡斯特罗（1926-）成为古巴独裁者<br>**1959:** 玛丽·里契（Mary Leaky，1913-1996）在坦桑尼亚Laetoli火山灰中发现了原始人类的足印化石 |
| 1960—1969 | 皮尔·卡丹（Pierre Cardin，1922-）<br>安德烈·库雷热（Andr é Courr è ges，1923-）<br>鲁迪·热内里奇（Rudi Gernreich，1922 - 1985）<br>芭芭拉·胡拉尼极（ Barbara Hulanicki，1936-）<br>让·穆伊尔（Jean Muir，1928 - 1995）<br>玛莉·匡特（Mary Quant，1934-）<br>帕科·拉巴纳（Paco Rabanne，1934-）<br>伊夫·圣·洛朗（Yves Saint Laurent，1936 - 2008）<br>伊曼纽尔·温加罗（Emanuel Ungaro，1933-）<br>华伦天奴（Valentino，1932-） | **1961:** 尤里·加加林（1934-1968）成为太空第一人<br>**1961:** 东德共产党政府建立柏林墙<br>**1961:** 美国卷入越南战争，战事升级<br>**1962:** 古巴导弹危机<br>**1963:** 马丁·路德·金（1929-1968）在华盛顿进行“我有一个梦想”的演讲<br>**1963:** 约翰·F·肯尼迪（1917-1963）在得克萨斯州达拉斯遭刺杀<br>**1965:** 马尔科姆·X（1925-1965）在曼哈顿的奥杜邦舞厅被暗杀<br>**1967:** 克里斯蒂安·巴纳德（1922-2001）进行了世界上第一个成功的心脏移植手术<br>**1969:** 尼尔·阿姆斯特朗成为月球行走的第一人 |
| 1970—1979 | 乔治·阿玛尼（Giorgio Armani，1934-）<br>杰弗里·比尼（Geoffrey Beene，1927 - 2004）<br>尼诺·塞露迪（Nino Cerruti，1930-）<br>罗伊·候司顿·弗洛威克（Roy Halston Frowick，1932 - 1990）<br>丹尼尔·海彻特（Daniel Hechter，1938-）<br>贝齐·约翰逊（Betsey Johnson，1942-）<br>高田贤三（Kenzo Takada，1939 -）<br>索尼亚·里基尔（Sonia Rykiel，1930-）<br>詹尼·范思哲（Gianni Versace，1946 - 1997）<br>薇薇安·韦斯特伍德（Vivienne Westwood，1941-） | **1970:** 解放巴勒斯坦人民阵线劫持开往纽约的5架飞机<br>**1970:** 肯特州立大学4名学生被美国俄亥俄州国民警卫队枪杀<br>**1971:** 罗伯特·亨特（1941-2005）和其他环保主义者在加拿大成立绿色和平组织<br>**1972:** 华盛顿民主国家委员会遭窃后发生“水门事件”丑闻<br>**1973:** 摩托罗拉公司的马丁·库帕（1928-）发明了第一台移动无线（蜂窝）手机<br>**1975:** 埃德·罗伯茨（1941 - 2010）的Atari 8800成为第一台个人电脑<br>**1976:** 第一架协和式飞机从伦敦的希思罗机场和巴黎的奥利机场起飞<br>**1978:** 路易丝·乔伊·布朗（1978-）成为通过体外受精（IVF）出生的第一个孩子<br>**1979:** 玛格丽特·撒切尔（1925-）成为世界上第一位女首相 |
| 1980—1989 | 派瑞·埃利斯（Perry Ellis，1940 - 1986）<br>让·保罗·高提耶（Jean Paul Gaultier，1952-）<br>唐纳·卡兰（Donna Karan，1948-）<br>川久保玲（Rei Kawakubo，1942-）<br>卡尔文·克莱恩（Calvin Klein，1942- ）<br>卡尔·拉格菲尔德（Karl Lagerfeld，1933-）<br>拉夫·劳伦（Ralph Lauren，1939-）<br>三宅一生（Issey Miyake，1938-）<br>蒂埃里·穆勒（Thierry Mugler，1948-）<br>山本耀司（Yohji Yamamoto，1943-） | **1980:** IBM推出第一台配备Intel 8088微处理器的个人电脑（PC）<br>**1980:** 英国空军特别部队SAS袭击伊朗驻伦敦大使馆，释放26名人质<br>**1981:** 美国乔治亚州疾病控制和预防中心首先发现艾滋病<br>**1981:** 戴安娜·斯宾塞（1961-1997）嫁给查尔斯王子（1948-）<br>**1982:** 阿根廷军队入侵福克兰群岛，导致英军部队的干预<br>**1984:** 苹果发布Mac麦金托什计算机<br>**1984:** 亚历克·杰弗里斯（1950-）发明了DNA指纹图谱和分析技术<br>**1986:** 乌克兰切尔诺贝利核电站发生核事故，<br>**1987:** 从香港开始发生全球股市大跌“黑色星期一”<br>**1989:** 柏林墙被推倒 |
| 1990—1999 | 华特·范·贝伦东克（安特卫普六君子之一，Walter Van Beirendonck，1957-）<br>侯塞因·卡拉扬（Hussein Chalayan，1970-）<br>杜梅尼科·多尔奇（Domenico Dolce，1958-）和斯蒂芬诺·嘉班纳（Stefano Gabbana，1962-）<br>约翰·加利亚诺（John Galliano，1960-）<br>克里斯汀·拉克鲁瓦（Christian Lacroix，1951-）<br>亚历山大·麦昆（Alexander McQueen，1969 - 2010）<br>马丁·马吉拉（Martin Margiela，1957-）<br>缪西娅·普拉达（Miuccia Prada，1949-）<br>多娜泰拉·范思哲（Donatella Versace，1955-）<br>渡边淳弥（Junya Watanabe，1961-） | **1990:** 入狱27年之后，纳尔逊·曼德拉（1918-）获释<br>**1990:** 萨达姆·侯赛因（1937-2006）的部队入侵科威特，引发了第一次海湾战争<br>**1991:** 苏联戈尔巴乔夫总统（1931-）辞职，苏联解体<br>**1991:** 欧盟签署马斯特里赫特条约，采纳欧元作为单一货币<br>**1993:** 恐怖分子在纽约世贸中心引爆炸弹<br>**1994:** 南非举行首次多种族自由选举，种族隔离结束<br>**1997:** 伊恩·维尔穆特（1944-）成功克隆多莉羊<br>**1997:** 戴安娜王妃在巴黎一场车祸中丧生<br>**1998:** 从人类胚胎分离出干细胞 |

# 速写本任务 Sketchbook task

"美好的东西并不一定要漂亮。"
——川久保玲

## 解构／重构

柏拉图的名言"情人眼里出西施"一直在时装界接受考验。无论是通过破损实际面料或去除服装的一部分，设计师们总是着迷于各种挑战，蔑视传统，上上下下、里里外外地颠覆一些想法（有时候就是这么直接的处理）。尽管作品外观看上去与美背道而驰，但时装设计师最终的考虑必须是作品的美学吸引力。

运用这种不协调的手段可能比想象中更加容易操作。

虽然这些实用技术同样适用于3D立体和2D平面工作，但是在设计的固有原理中务必采用同样的判断标准，这一点很重要。不要陷入匆忙赶时间工作而对行动不加思考的怪圈。重要的是认识到解构／重构是一个创造性的过程，而非糟糕设计的快速解决方法。尽管这样的方法看上去显得简单粗糙，但结果也可能具有出乎意料的复杂性。

**1.**选择杂志里一张有关传统服装的跨页，使用以下技巧对其进行创造性的改变。不要仅仅满足于自己认为可行的方式——对未知的东西进行彻底检验。仔细想想你希望如何进行解构或剔除，又或者如何通过重建来增加或增强效果。记住，就像将纸张连接起来时未必一定得依赖于胶水一样，将面料连接在一起时并非必须依赖于缝纫。对自己的方法不断地提出疑问，例如，是否所有一切都必须像精确的切割拼图一样完美契合呢？

**2.**把结论记入速写本——展示前前后后的所有过程。

| 解构的基本方法 | | 重建的基本方法 | |
|---|---|---|---|
| 漂白 | 烧灼 | 贴花 | 拼贴 |
| 反相 | 熔合 | 集合 | 胶合 |
| 撕扯 | 刮擦 | 拼布 | 打褶 |
| 碎片 | 斜线 | 绗缝 | 缝线 |
| 染色 | 撕裂 | 排褶 | 编织 |

**左图和右页图**

尤金尼雅·加里多（Eugenia Alejos Garrido，2012）

"我热爱抽象的概念，因为没有人知道其真正意义，但每个人却都有自己的解读。每种拼贴都由两部分组成：良好平衡和视觉吸引力。对我而言，手感具有极大的吸引力。我喜欢不可能的感觉以及与之对立的感觉。"

# 速写本任务 Sketchbook task

“绘画的时候，你一定要闭上双眼，一边歌唱。”

——毕加索

## 轮廓盲画　　闭眼绘画

艺术院校传统的热身练习就是盲画。这并不意味着使用眼罩遮挡视线，而是指绘图时画者努力将目光集中在所描绘的物体上，而不是不断地将目光从物体上移到纸张和铅笔上。这种绘画方法通常使用单一连续的线条，而且铅笔不会离开纸张。这种类型的绘画练习通常把注意力集中于绘画对象的外边缘，而非事物的组成形状和结构，也忽略阴影或色调细节。

因为不允许绘图者注视纸面上实际绘制的图像，这种盲轮廓绘画方法是一个出色的方式，可以用来训练自己的眼睛，去描画双眼真正看到的东西，而不允许大脑对自己的行动进行自动纠正，并强迫自己绘画所见而非所想的内容。

对时装设计师而言，盲轮廓画法绘制服装轮廓造型是从现存服装发现新颖有趣廓型的极佳方法。

**1.**把一件衣服挂起来或者找个朋友来穿着它当模特。不要只是正面观察，旋转服装，令其表现最有趣的轮廓。

**2.**选择大幅纸张比较好，至少是A2以上尺寸。使用描图纸也是随后转描轮廓图像的便捷方法。一个有用的起点是在空中用食指勾勒服装的轮廓上。然后，在服装上确定一个点，让自己的双眼可以追踪服装的轮廓，目光开始移动的同时开始移动铅笔。记住，绘画时无论何时都不要去看自己的手。阻止自己偷瞄的一个简单方法是将笔穿过一个纸盘子，然后手握在盘子下面的铅笔部分绘画。尝试完成服装的整个轮廓，而同时铅笔一直与纸面保持联系。请大胆地作画，在盲轮廓绘图时常见的错误是画的图尺寸太小。

**3.**从不同的角度重复这个练习，选择那些你觉得最有潜力的造型来绘制。

**4.**将你预先选好的造型叠加在人体速写模版（或者裸体人物照片）上，来创造一系列有趣的服装廓型。在与人像重叠之前，旋转和翻转你盲画法绘制的轮廓来增加服装造型的变化。

**5.**将结果黏贴在速写本上，为未来的开发做准备。

**上图和右页图**

克丽斯特贝尔·泰勒（Christabel Taylor，2010）

“为了创建适合人体的初始造型，我尝试用左手和右手进行盲画。这是制作天真自然服装轮廓非常成功的方法。”

Showcase 3

# 案例学习3

**作者：**杰西·霍姆斯（Jessie Holmes）

**国家：**英国

**学校：**英国伦敦雷文斯本设计学院

**2010年毕业设计：**“我知道笼中鸟为何歌唱”

“虽然我的灵感来自许多不同的东西，而且我也一直在寻找有趣的物体和图像，但是一直以来，那些通过并置的东西真正赋予我灵感。我特别感兴趣的是色彩、图像、肌理彼此补充或者形成对比，并创造出某种特殊情绪或者概念的方式。这个项目的灵感来自照片、钱币、邮票，以及我在旅游途中收集的物品。我也从网络博客、书本和杂志中寻觅灵感。

速写本对我而言非常重要，是我收集、探索以及处理思路想法的地方。我喜欢能够随时快速地往速写本上记东西，也一直在现有的速写本上穿插一些内容。为了这个项目，我研究了自己童年的地图集，在我尚未开始设计之前赋予速写本相关联的个人联系。

我从研究中挑选出细节、造型、色彩和肌理效果，绘制一些速写小稿，添加刺绣效果和粗略的原型概念。我开始从研究中确定色调板和廓型，并且经常在速写本中分层堆放图片、画稿和面料来增强设计效果。

这个项目是关于一只渴望冲破牢笼向往自由的笼中鸟。无论生活中可能存在何种阈限，这与自由和希望及梦想的实现相关。要传递自由的美丽，我留心游牧民族的生活方式和文化，从中寻找丰富的色彩、材质和精细刺绣。在廓型的一些部分和繁乱的印花设计上，我将自由的美丽与受限制的笼子造型进行对照。

速写本帮助我记录、调查、拓展和理解自己的想法。这是从开始到结束整个过程的阐述，我愿意相信，正因为我的速写本我才得以创造出更为丰富的时装设计。”

2
THE WORLD IN HEMISPHERES-PHYSICAL
& ASTRONOMICAL GEOGRAPHY
3
THE SOLAR SYSTEM
LENGTH OF DAY & NIGHT ON THE EARTH

30
AFRICA-PHYSICAL

RESERVE BANK OF INDIA
...and dips his wings in orange sun rays and dives to claim the sky.

VIII ASIA—ANNUAL RAINFALL & NATURAL V
AFRICA—ANNUAL RAINFALL & NATURAL VEGETATION
ANNUAL RAINFALL

第四章

# 设计方向：何人、何地、何时？

# Design direction: who, where and when?

"设计不仅仅是看上去的样子和摸上去的感觉。设计是产生影响的方式。"

——史蒂夫·乔布斯（Steven Jobs，1955–2011）

完成调研的信息收集后，接着进入重新诠释及实际时装设计阶段。在此之前考虑的是设计方向的最终确定。

尽管时装设计被认为是一个艺术过程，但它也是创意产业中的重要组成部分。如今时装被认为是大型行业。在全球，参与到时装行业的人比其他任何行业都多，包括服装的设计、采购、销售和生产人员。对外行人而言，时装可能被简单地看成是连衣裙、鞋子和手袋，但在当今的商界，毫无疑问，时装被公认为世界经济的重要组成部分。

左图

蒂夫尼·巴伦（Tiffany Baron，2012）

理解当下的市场动力，并对竞争对手进行分析研究，是设计师调查和研究的必要组成部分。

**上图**

麦迪逊大街的巴尼斯纽约精品店的橱窗总是紧跟当代时尚的脉搏。

（摄影：杰弗里·格茨，Geoffry Gertz）

受英国时装协会委托的一份调查报告显示，2009年英国时装业对本国经济的直接贡献约为330亿美元。目前，英国时装行业拥有超过816000名员工，其规模是英国化学工业或汽车产业的两倍。时装行业内对设计的重视已经毋庸置疑，但设计者绝不可忽视一个事实，即时装归根结底是一个商业性风险投资。

因此，你的速写本不仅展示你与现代时装业紧密契合，也展示你谙熟时装行业的情况以及其运作方式，这样做十分重要。在着手开始设计开发过程之前，你需要提出设计方向评估。通过削弱和去除无关紧要的部分，并将自己的想法瞄准现实可实现的目标，这有助于获得精确的设计重点。

在开始实际制作这些设计作品之前，以上的考虑事项必须到位。遗漏它们会将自己置于危险之中。你需要进行一系列的实情调查，在制作过程中标出自己的想法，以理解设计理念和设计概念的重点和可行性。

· 你针对的目标市场是哪个部分?

· 目标客户是谁?

· 竞争对手是谁?

· 何为本季特点?

运用这些信息，你才能自信地将所有你的答案与初期的调查研究融合在一起，并开始设计开发的重要任务。

## 市场分类

时装一般可以分为四种基本类型：

· 高级定制

· 高级成衣

· 大众市场（主流时装）

· 超值时装（廉价的时尚）

所有现有的时装品牌或者品类都可以归入以上四种类型。他们将服装的价格定位和预期的目标客户进行分类。所有四种都是部分“寄生生物”，可以依其独特的特征进行简单区分，它们也通过主流时装趋势和风格产生自上而下和自下而上的效应，彼此互惠互利。

## 高级定制

“风格和时装的唯一区别在于工艺品质。”

——乔治·阿玛尼

在这四种服装类型中，高级定制最小众，并被推崇为时尚链条中的顶点。可以想象，高级定制也是服装市场中最昂贵、最高级的。高级定制（Haute Couture）一词最早可以追溯到19世纪50年代，当时查尔斯·弗兰德里克·沃斯用它来描述自己在巴黎沙龙中设计的服装款式。与当时的传统做法不同的是，顾客们上门去找沃斯，而非沃斯上门去为客户服务，而且沃斯的服装成为第一个以设计师名号命名出售的服装。

自1945年以来，高级定制的名号已经受到法国法律的保护，只有为数不多的几位设计师获准开设高级定制店进行服装销售。他们必须遵守法国时装工业监管部门高级定制贸易联盟——The Chambre syndicate de la haute couture（Trade Union of Haute Couture）所制定的规则。

当前其成员包括香奈儿、迪奥、高提耶、纪梵希，以及此前的成员巴尔曼、拉克鲁瓦、拉邦纳和圣·洛朗。其成员还包括一个由外国成员组成的单独部门，如阿玛尼和华伦天奴。

值得一提的是，高级定制仅指女装。没有高级男装定制之说。法规的一部分要求服装必须针对特定客户订制并且要客户多次亲自试穿。高级定制公司通常有两个工作室：一个负责白天穿着的服装（大衣、夹克和套装）；另一个负责晚装和婚礼服装。

高级时装设计师们经常使用奢华的面料去实现自己的创意，并且拥有一个由技术娴熟的内部技术人员组成的团队，以实现服装制作和成品方面必须达到的高品质。每个时装工作室每年两次展示不少于35件服装，包括白天的着装和晚礼服。另外，这些时装秀也被认为是一个可以宣传展示其他产品的好机会，可以宣传其品牌内的其他产品，如香水、化妆品和配饰等。

高级定制价格昂贵，动辄要花费数千英镑，普通人望而却步。尽管它拥有非常富有的客户群，高级定制却是这四类服装中盈利最少的。现在中国和中东新贵们对高级定制的需求已经超过了西方的富人群体。对于许多人来说，当今的高级定制保存下来的是一种形象，是令人叫绝的顶尖工艺形象，绝大多数人是可望而不可及的。

**右图**

尤丽娅·博格达诺娃（Yuliya Bogdanova，2011）

**右图**

克里夫德 · 佛斯特（Clifford Faust，2011）

**上图**

梅根 · 莫里森（Meagan Morrison，2011）

高级定制一直被认为是时装设计技术和工艺的顶点。它引以为豪的是自身的独特性和为顾客提供的定制服务。尽管很多女装设计公司破产倒闭或者企业兼并，高级定制至今仍是时装市场中的不死鸟，仍然因为其所代表的内涵而受到尊重——卡尔 · 拉格菲尔德曾经说过：“只要香奈儿工作室还在，时装就永存。”

## 高级成衣

"最佳的服装是人的皮肤，但是，当然了，社会要求比皮肤多一点的东西。"

——马克·吐温（Mark Twain）

大多数时装设计工作室在设计制作高级定制之外也制作成衣或高级成衣（prêt-à-porter）。与高级定制不同，这些设计不再是定制的一次性产品，而是采用标准化型号来面对大量的消费群体。与高级定制一样，成衣设计的发布也贯穿全年。不像高级定制仅在巴黎发布，高级成衣的秀场设在世界上的主要城市——伦敦、纽约、米兰，但其发布时间通常早于高级定制。这类服装处于时装市场的第二层次，直接针对比高级定制更广阔的消费群体。高级成衣设计背后的旨意是运用高级面料和精湛的工艺来制作品牌设计师水准的服装。高级成衣仍然需要相对的较高价位，以数百英镑计算而非成千上万英镑。高级成衣是严格遵循质量控制标准生产的，然后在设计师专卖店和小型的独立直销型折扣店出售，通常是限量版。

由于产量的增加和销售范围更广，即使价位较低，高级成衣比高级定制的销售利润率要高。

**右图**

尤金·查内科

（Eugene Czarneck，2012）

三款设计师品牌服装的草图。

**上图**

苏拉吉特·斯拉齐米尔（Sreejith Sreekumar，2011）

意大利品牌杰尼亚（Ermenegildo Zegna）男士正装系列，展示精致的缝纫技术，该品牌在全球86个国家发布了自己的服装系列。

高级成衣的历史可以追溯到第二次世界大战之后。当时价格实惠的成衣系列首次从大量的法国时装公司慢慢传出，其纸样图在意大利和美国获得复制的许可，伊夫·圣·洛朗与此类服装齐名，因为他确立了高级成衣设计在全世界时装界的稳固地位。

他是首位跳槽的法国时装设计师，其在跳槽后同时发布了自己的成衣系列。1966年9月26日，第一家圣·洛朗左岸（YSL Rive Gauche）直营店在巴黎德图尔农21街开张。通过充分利用时装业不断加快的节奏，伊夫·圣·洛朗调整产品节奏并且提升时装系列的发布周期（如今一年发布4次），使得其高级成衣系列的利润超过了高级定制。伊夫·圣·洛朗工作室的联合创始人皮埃尔·贝格（Pierre Berge，1930-）说：“伊夫·圣·洛朗开设独立时装工作室的精品店，他就实际上进行了革命性的举动，从美学转入了社会学领域。这是一个重要的宣言。”自此之后，类似的品牌还包括D&G、Miu Miu、Polo、Jeans Jungle和DKNY。

## 大众成衣（主流时装）

"第一个星期他穿着波尔卡圆点服装，第二个星期他又换了条纹服装。因为他是时尚的忠实追随者。

——歌曲《我为时尚而着迷》（1966）歌词，雷　戴维斯（Ray Davies，1944-）

与高级定制和高级成衣完全不同的是，主流市场服装旨在满足主流服装人群的需求。流行性取代了独一性。它制定了世界上着装规范的大部分内容。主流服装已经非常善于使用当前最新的设计趋势——无论是自下而上的影响效应，还是自上而下的滴漏效应——都可以对其进行改变以适应大众消费群。

新的服装风格可以迅速地出现在零售店和连锁店里，于是有了当下流行的术语"快时尚"。快时尚无须坚持每年举办两次时装秀来展示其最新的流行趋势。产品的可获得性使得时尚远离了设计师的控制，而将最终形象的选择权交到消费者手中。

翻新率通常相当迅速，存货需要持续更新。以西班牙零售巨头Zara为例，其需每周持续发货来保证顾客的选购权。至关重要的是，快时尚的供应链必须高效灵活，以便快速响应消费者变化的需求。

显而易见的是，不会采用劳动密集型的高级定制生产方式，大部分商品都在亚洲和东欧地区生产。为满足性价比的要求，服装制作和配饰的定价同样不能太昂贵。

与高级定制或高级成衣相比，关键的营销策略对大众时装经济更加重要。与高级女装不同，大众时装作为一季性产品进行销售，通常很快过时，但它足够低廉的销售价格确保客户未来再次购买的意向。

主流常被认为跟时装利益没有多大的关系。没有知名设计师领衔特定品牌，大众时尚的零售商开始进入一个独特的市场，即通过委托制作设计师品牌系列以及与名人合作来进入专属性的市场，并将这些产品与商场货品平起平坐。起初，这种方式通常是隐蔽的，保罗·史密斯（Paul Smith，1946-）、贝蒂·杰克逊（Betty Jackson，1949-）和凯瑟琳·哈玛尼特（Katharine Hamnett，1947-）都曾在M&S的幕后工作，但这种关系已经成为在大众时尚中非常有竞争性的策略，被用来炫耀零售环境中的设计师和名人地位。英国百货公司Debenhams聘用了许多设计师，包括晚装设计师本德里希（Ben de Lisi，1955-）、约翰·罗恰（John Rocha，1953-）、马修·威廉森（Matthew Williamson，1971-）和约翰森·桑德斯（Jonathan Saunders，1977-）等，都赫然在列。而快时尚品牌Topshop因为其与凯特·莫斯等名人合作而成为各大报纸的头版头条。

“我不是设计师，我从来没有上过专门学校或受过专门训练。我不会绘制服装，真的，但是我明白自己喜欢什么。”

——凯特·莫斯（Kate Moss，1974-）

瑞典品牌H&M也同样利用名人效应引导潮流并定期提供限量版收藏品，包括与卡尔·拉格菲尔德、斯特拉·麦卡特尼（Stella McCartney，1971-）、周仰杰（Jimmy Choo）、索尼亚·里基尔（Sonia Rykiel，1930-）、多娜泰拉·范思哲（Donatella Versace，1955-）合作，而亚历山大·麦昆为美国连锁店Target设计了服装产品系列，贾尔斯·迪肯（Giles Deacon）在英国效力于NewLook时尚品牌。

街头时尚经常被错误地与大众时尚混为一谈。然而，这种城市风格不在设计师或零售商的职权和控制范围之内，因为街头时尚关乎的是单个消费者通过其运用风格和设计改变其着装和外表的个人能力。这是时装市场中四类服装的重要来源。许多趋势率先在街头出现，今天的最新造型通过大量的时尚博客和社交媒体网站被即时播出。街头时尚主要与青春形象和亚文化有关，并催生了20世纪的一些最具代表性的风格：泰迪男孩、朋克、哥特和嘻哈（hip-hop）。

上图

霍莉·露易丝·牛顿（Hollie Louise Newton，2012）

主流服装零售商通过采用多种不同的营销策略来维持其高街身份。

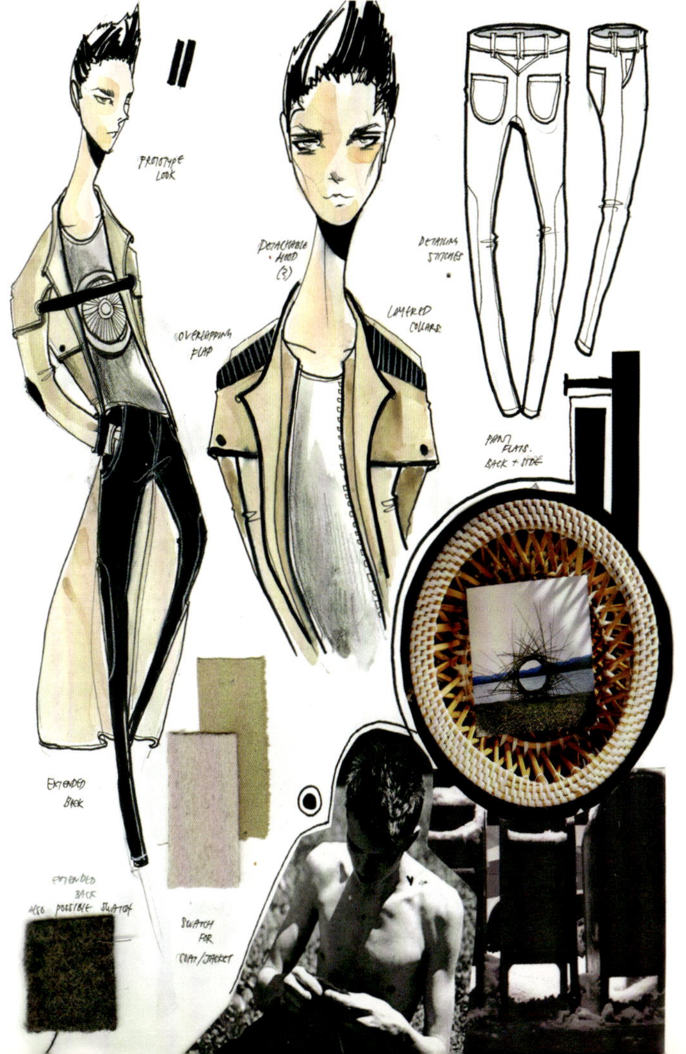


下图

保罗·金姆

（Paul Kim，2012）

左页图

卡拉·威廉姆斯（Carla Williams，2012）

能迅速获得认同感的流行时装趋势可以确保快速周转，是大众零售市场中最基本的产品。

## 超值时装（廉价的时尚）

“千万不要用‘便宜’这个词。如今，任何人穿着价格不贵的服装依然能显得时尚入流（富人也买这样的服装）。在现在的服装市场中，各个层次的市场中都有上佳的服装设计产品。穿着T恤和牛仔裤就可以穿出最时髦潇洒的效果——这都取决于你本人。”

——卡尔·拉格菲尔德

在超级市场里出售服装，让便宜的大众市场处于服装市场链条的最底端，也理所当然地位于大多数时尚人士的时尚雷达探测范围之外。好像是突然之间你可以在进行每周食物采购的同时购买一件新T恤。因其重点在于“堆叠”销售，“便宜”定价，大量服装被大规模地生产制造出来，以保证其价格符合购物者的预算。正如时尚品牌NEXT的创始人乔治·戴维斯（George Davis）率先在1990年推出ASDA设计系列，尝试将知名的时装品牌推广至超市。该品牌现任总监菲奥娜·兰伯特说：“这是快时尚，但仅意味着我们令其快速地引人注目。”

其他的英国超市花了更长的时间才加入品牌化浪潮，2002年特易购（Tesco）加入，2004年连锁商店塞恩斯伯里（Sainsbury）加入，它们都采用高质量的面料和极低的价格对业界产生冲击：在佛罗伦萨和弗雷德（特易购），100%羊绒大衣的售价低于60英镑，而在塞恩斯伯里出售的Tu系列包括售价仅15英镑的羊绒衫。然而，降低的价格并不利于其价值吸引力，在媒体上出现了对CMT（cut-make-trim，服装加工全工程）供应链剥削的指控。近年来，伦理时尚和慈善事业做了很多工作来提高整个行业的形象，英国折扣店“皮克斯一家”（Peacocks）品牌，如今骄傲地自称为“高价值的时装零售商”。该品牌的首席执行官理查德·柯克说：“‘皮克斯一家’已经完成了从价值企业到时装折扣品牌的转变。如今我们是一个时装企业。”

**左图**

对超市而言，赞助是一个有效的方式，可以让他们摆脱贩卖水果蔬菜的名声，并且赢得一些时尚方面的荣誉。英国第二大零售商ASDA的乔治（George）赞助一年一度的时装周毕业展，为时装学院提供了一个便于学生深入该行业的平台。毕业于巴斯泉大学的克洛伊·琼斯（Chloe Jones，左）在2012年盛大时装秀获得乔治金奖。之前的获奖者包括斯特拉·麦卡特尼（Stella McCartney）、贾尔斯·迪肯（Giles Deacon）和马修·威廉森（Matthew Williamson）。

（摄影：卡罗莱纳州·特纳，Carolina Turner-上图，杰克·格兰奇，Jack Grange-下图）

远离超市的环境，超值时装早在1969年就出现在繁华的商业街，当时爱尔兰公司普里马克（Primark）在都柏林开设了第一家分店。目前已经超过230家商店（包括德国、比利时、奥地利和荷兰以及英国），它的重点在于用对时尚快速消费的态度来抓住年轻人的想象力（和钱袋）。它在整个欧洲催生了大量的同类公司：法国的凯家衣（Kiabi）、意大利的塔科（Takko）时尚和西班牙的曼戈（Mango）。

**下图**

霍莱·路易丝·牛顿（Hollie Louise Newton，2012）

对英国高街超值时装公司PRIMARK的一份商场研究报告，附有说明文字。

PRIMARK®

商场橱窗展示着当下流行的时装潮流，采用简单的白色人体模型展示季节性的服装主题趋势。套装的展示体现时尚舒适的服装风格。商场里面和橱窗处的图案朴实无华，用许多不同的色块来切分店内不同的区域。繁忙的店面环境与快时尚相得益彰。海报中所使用的模特具有独一无二的时尚面孔。

# 目标客户 Target customer

"这是设计师可以扪心自问的最重要的问题，
因为如今的市场仅仅一两个服装系列或者只是将服装制作出来是远远不够的。
要想脱颖而出，你必须发现自己的客户，并与她进行持续有意义的沟通。"
——希拉·苏·迦米（Shrira Sue Carmi，1977–）

前面讲到的四种时装类型都可以通过其特定的客户特征来辨别。若要对自己设计的理念得出一个结论，需要确定自己的预期目标客户。这些人最终将购买和穿戴你的设计作品，所以关键是对他们有充分的了解。建立客户档案将对你的设计开发过程产生反馈作用，并有助于在当今竞争激烈的时装市场中提高设计活力。将自己的创造才能与市场中最终愿意购买你设计的目标客户联系起来，这是全部重点所在。

不要害怕把自己当成一个向导。唐娜·卡伦（1948–）在20世纪80年代创建了可以互换的"七件装"产品系列，该系列设计完全是根据她自己作为职业女性穿着的需要进行设计的，因为她厌倦了一天又一天地穿着传统的正统套装。

在客户分类分析中尽量进行详细说明，这一点十分重要。你需要去整理顾客特征的详细表格，并以此来定义自己的目标客户。开始工作的方法是利用更为宽泛的人口统计因素，包括性别、年龄、收入和社会群体，以及更为具体的生活方式特点如个人价值观和志向抱负等，这样可以加深对顾客的了解。通过了解顾客穿戴了什么，以及理解顾客选择特定服装背后的动机是什么，设计师可以建立一种联系，并能够直接反馈到设计系列拓展过程中。如果消费者的选择仅仅是出于必要，那么一条盖毯就足够了。但是，市场营销基本原则中的一条是消费者购买是因为想要而非需要。你需要问的问题是，什么款式的毯子是消费者想要的——面料、色彩、纯色，还是带图案？客户资料应该可以提供这些问题的答案。

如今，市场上的一些高街品牌习惯于给自己的潜在目标顾客命名，让他们对于设计团队来说显得更加真实。

确定目标市场的最简单方法之一就是查看现有的客户群。谁买了什么品牌？他们为什么在某些商店里购物？他们作为一个群体有何共同之处？通过分析目标客户的结构特点，你就可以开始了解事实背后的客户。

有多种方法着手建立顾客档案。有些设计师喜欢准备一份有关目标客户的书面说明，就像剧作家描述剧中人物一样。也有设计师通过图片拼贴来建立可视化的顾客档案。不论在速写本中采用哪种方式，都必须考虑定量数据（年龄、收入等）和定性数据（职业、性格等），这很重要。以下标题有助于细分目标市场和建立客户档案。一定要记住的是，最佳调研必然来自于一手来源——换句话说，你应该尽可能地去收集一手资料或者使用真实的情境。

**人口结构：**

性别、年龄、国籍、收入、学历、职业 。

**地理学：**

区域位置、气候 。

**消费心理：**

个性、态度和价值观、生活方式、兴趣爱好。

**行为研究：**

社会阶层、知识水平；

品牌忠诚度特征、对品质的认可。

左页图

瑞秋·兰姆（Rachel Lamb，2009）

客户档案需分析客户的生活方式以及对时装的理解，以此总结客户的身份。

上图

霍莉·路易丝·牛顿（Hollie Louise Newton，2012）

汇编类似的英国高街顾客信息是理解购买者需求和习惯的一种方式。

# 店铺报告 Shop report

“总是衣品糟糕的人最有意思。”

——让·保罗·高提耶

已经确定了市场定位和典型的客户类型之后，必要的工作是评估如今的市场状况以及将来的竞争对手是谁。零售调研是理解时装设计的一种方法，这种方法花费少且非常有价值。这也是任何一个设计师要进入当下时装零售领域的必经道路。

参观服装店面和比较相互竞争的商店能够提供极为丰富的信息。你不仅有机会看到市场中的当季产品，也可以查看市场的原动力，以及哪些服装能继续留在在货架上。乍看起来，你可能会感觉十分无趣，因为所有的品味和风格都已经在市场上登台露面，没有什么新鲜的东西。但仔细观察过后，你会发现目前市场上会有一些空白的地方，利用细分的方法来寻找目前市场中尚不广泛存在的设计领域，或者发现对目前市场上未引起注意的服装风格进行重新改造的潜力。

大众市场部门定期进行店铺的比较报告，以便及时了解竞争对手的最新情况，以及发现被忽略的发展机会。重要的不仅仅是识别哪些色彩和面料能够吸引消费者，了解确保销售额的品牌化和价格点也同样重要。对训练有素的双眼而言，还有可能从一份店铺比较报告中发现即将到来的时尚潮流或趋势的演变。这种信息可以作为何时推出新风格或者何时引入新面料的一种指导。本书第二章列举的大多数的潮流预测机构都非常关注高街零售店铺，并聘用国际时尚侦探员来检查时装的发展动态并就世界各地主要的时尚之都的变化做出报告。

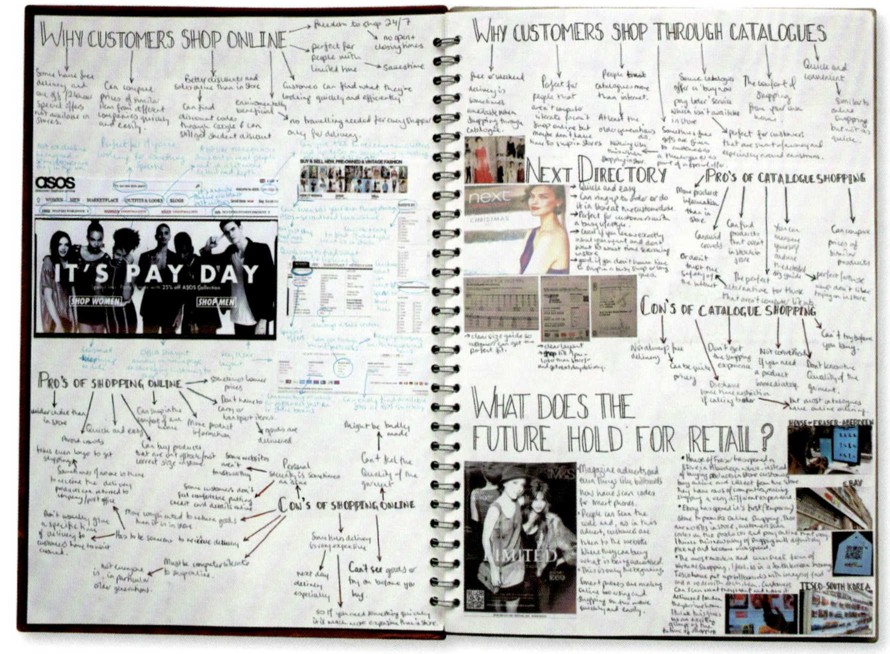


**左图**

安娜·拉森（Anna Larson，2011）

**右页图**

霍莉·路易丝·牛顿（Hollie Louise Newton，2012）

对事实的评估务必目标明确并具有评判性。有时候，在服装设计中，保持视觉上的客观性非常困难，但这是编纂店铺报告必须保持的特性。

| 零售渠道 |
| --- |
| 百货商店：在同一家商场为消费者提供极为广泛的购物选择<br>（美国第五大道奢侈品百货店萨克斯、纽约布鲁明戴尔、伦敦哈罗德百货公司、巴黎老佛爷百货公司） |
| 独立设计师店（精品专卖店）：为消费者提供专业精选的时尚高级成衣<br>（伦敦南摩顿的Browns；巴黎的Colette, Merci, L' Eclaireur Sévigné；<br>米兰的10 Corso Como；爱丁堡的Jane Davidson/Pam Jenkins；柏林的soto；纽约的Odin） |
| 连锁商店：在同一母公司之下运作的一系列分散的高街连锁商店（Jigsaw、Topshop、French Connection、Gap） |
| 租借经销店：在百货商场内较小的店面来销售小型独立品牌 |
| 特许经销商店：当地分管的品牌零售商铺，但共用一个公司品牌名称（MEXX, Saint Tropez Clothing, Rohan, Benetton, Etam, Esprit） |
| 折扣店/廉价商店：各级市场中不连贯的各种产品线（TK Maxx, Loehmann' s, Winners, Toronto Canada, Burlington, Boston, Marshalls） |
| 工厂店和零售村：生产商直接向客户以低价销售积压货品、尾单货品或损坏商品<br>（尼亚加拉瀑布奥特莱斯时尚购物中心、意大利马尔凯，墨尔本DFO） |
| 街头市场：类似于折扣店，但购物时间很短，经常在短时间内以低价达成交易（伦敦Petticoat、泰国清迈、马拉喀什露天市场） |
| 其他市场：古董和二手货市场以及年轻的创业者检验自己的设计而进行销售的市场<br>（伦敦的Camden Lock，Portobello Road；巴黎的Le Marché aux Puces St-Ouen；悉尼的Bondi Beach；柏林的Die Nolle） |
| 商场/购物中心：庞大的零售综合大楼，一般选址远离城市，多个商家聚集在同一处地方的便利购物场所<br>（中国东莞的南华商场；菲律宾的SM City North EDSA；加拿大阿尔伯塔的西埃德蒙顿购物中心） |
| 邮购：曾经一度非常流行的时尚传播者，通常在特别的场景拍摄照片（Boden，Littlewoods，Freemans，La Redoute） |
| 互联网：每天24小时的零售，销售数量增加很快的单一类型产品（ASOS，net-a-Porter，Koodos，the Outnet） |
| 快闪商店/游击店：一种临时销售渠道，通常一夜之间突然出现，采用“看到即购买”的销售方式<br>（Vacant, Designer' s Emerge, Comme des Garcons, Nike） |

现在市场中服装的零售渠道分成多种不同的层次，有超值零售商如量贩式的市场Primark和沃尔玛，也有奢侈品牌设计师精品店如路易威登（Louis Vuitton）、普拉达（Prada）和爱马仕（Hermès），精品店的目标在于通过一流的旗舰店来吸引更有辨识度的客户。正如预期的那样，商业街上的连锁店和商店称霸全球时装市场。根据Yell.com的数据，目前仅在英国就有12，000多家女装零售商。左边的表格列举了主要的时装零售商场。

进行店铺报告和分析的时候，要考虑总体的零售经验，而非仅仅服装本身，这一点是很重要的：

· 店铺位置以及与其他店面的距离；
· 橱窗展示、品牌化和视觉营销；
· 店铺内的风格；
· 当季的主要概念；
· 量化的款式和尺寸；
· 色彩的运用、面料和剪裁；
· 辅料和细节设计；
· 生产价值：原产国 / 最终成品 / 等等；
· 价格区间。

I Am The Christmas Window
FRENCH CONNECTION
FRENCH CONNECTION
A minimalist window display presents the re-occurring logo 'I am...' which can be seen across many seasons of their work. A wave of white washes over their current sleek store environment which supportss the 'expensive' look and feel of the store. The focus is centred on their high-class clothing modelled by faceless white mannequins. High security is set in place to ensure the standards of the store and changing rooms retain the styling within the store. 'Chic' models are used on the in store graphics in addition to in their magazines which are readily available in store and throughout their campaigns.
BRAND PROFILE

# 时装日程表：了解时间和地点 The fashion calendar: knowing when and where

在确定市场、客户和竞争对手之后，把所有设计素材聚集到速写本上之前，还要考虑最后一个因素，即你的服装针对哪个季节？这是考虑时装设计的一个根本因素，不可忽视或者掉以轻心，认为自己已经明白。脱离时代设计服装的设计师从一开始就处于不利地位。如果所有的媒体和买家都在关注冬季，则此时推出夏季服装就毫无意义。服装产业中，所有工作都受到按季发布的服装新系列的控制。

“时机的掌握极为重要。如果太快了，无人能理解；如果太慢了，人人都已忘却。”
——安娜·温图尔（Anna Wintour）

1943年，纽约成为首场时装周的举办城市。法国曾是掌控世界服装最新潮流和款式的地方，但由于纳粹的占领，导致原来定期进行的巴黎时装秀被迫取消。美国时尚评论员埃莉诺·兰伯特（Eleanor Lambert，1903-2003）利用这个重点城市变更的机会，策划举办了第一届纽约时装周（当时被称作“新闻周”），在纽约中心酒店举行，有53位美国设计师参加。这成为一个催化剂，推动建立了把握世界最新流行的“四大时装之都”——纽约、伦敦、米兰、巴黎。在新服装季到来之前，每个城市每六个月都举行为期一周的活动来展示设计师们最新的想法。当今的服装产业早已不受到任何地理距离的限制，世界各地的城市如今也通过自己的时尚活动发布最热门的流行趋势。

时装周总是按照表格中的顺序举行（右页图表格）。早春／夏系列（在上一个秋季首展），后是秋／冬系列（在早春时节展示）。服装的展示需要提前于目标季节好几个月，以便让媒体和买家们产生兴趣，从而获得零售商足够的预付订单。而这将保证店铺拥有足够的可用库存，并且在推出服装季的实际服装设计之前获得大量相应的新闻报道。所有的一切信息都必须明确，切实遵循，设计师和技术人员紧密配合，保证各方面工作的成功，这一点至关重要。

一月和七月的设计系列也包括早春和早秋设计系列，可以让采购和忠实的品牌追随者窥视本季度的新风貌的预告。较大型的时装工作室可能会发布更具有商业性的服装系列，目标是可直接销售，而非只获得天台走秀的新闻报道。两个主要的时装周中间的空档期也会展出一些小型的设计系列，主要瞄准圣诞节和暑假期间的销售时段。在春装上市之前，店铺中提供的圣诞节前的商品包括度假装和鸡尾酒服装（通常被称为“游轮系列”），紧随其后的是夏季服装系列，包括度假休闲装和泳装。

高街零售连锁店仍按照时装日程表运作，但在各个季节逐步采用不同的概念。零售商们的滴漏效应采用自上而下的方法，在一段时期内坚持不懈地推广宣传新趋势，而不是仅仅向消费者提供新的产品，这会给他们留下零售商总是能够为之推陈出新的好印象。

除了大规模时装展会每年推出新季节的系列产品外，世界各地还举办许多大型贸易展览会，展示纱线和面料的未来发展趋势。这些展览会通常比秀场发布早6个月，让设计师有机会根据预测获得新资源。

| 女装 | 预测季节 | |
| --- | --- | --- |
| 时装大事件活动安排 | 秋冬 | 春夏 |
| 巴西圣保罗时装周 | 一月中旬 | 六月中旬 |
| 香港时装周 | 一月中旬 | 七月初 |
| 德国梅赛德斯－奔驰柏林时装周 | 一月中旬 | 七月初 |
| 德国柏林“面包与黄油”展 | 一月中旬 | 七月初 |
| 法国Modea巴黎高级时装 | 一月下旬 | 七月初 |
| 意大利AltaRomAltaModa（罗马时装周） | 一月下旬 | 七月初 |
| 荷兰阿姆斯特丹国际时装周 | 一月下旬 | 七月中旬 |
| 印度班加罗尔时装周 | 二月初 | 七月下旬 |
| 丹麦哥本哈根时装周 | 二月初 | 八月初 |
| 瑞典斯德哥尔摩时装周 | 二月初 | 八月中旬 |
| 西班牙马德里梅赛德斯－奔驰时装周 | 二月初 | 九月初 |
| 土耳其伊斯坦布尔时装周 | 二月初 | 九月初 |
| 德国慕尼黑时装周 | 二月中旬 | 八月中旬 |
| 美国纽约梅赛德斯－奔驰时装周 | 二月中旬 | 九月中旬 |
| 美国纽约高级订制服时装周 | 二月中旬 | 九月中旬 |
| 英国伦敦时装周 | 二月中旬 | 九月下旬 |
| 意大利米兰女装展（莫达唐娜） | 二月下旬 | 九月下旬 |
| 法国Modea巴黎成衣展 | 二月中旬 | 九月中旬 |
| 南非约翰内斯堡梅赛德斯－奔驰时装周 | 三月初 | 十月下旬 |
| 日本东京时装周 | 三月中旬 | 十月中旬 |
| 墨西哥梅赛德斯－奔驰时装 | 三月下旬 | 九月/十月 |
| 中国北京时装周 | 三月下旬 | 十月下旬 |
| 俄罗斯莫斯科沃尔沃时装周 | 四月初 | 十月中旬 |
| 中国上海时装周 | 四月17-23日 | 秋冬 |
| 阿拉伯联合酋长国迪拜时装周 | 2011年四月中旬 | 十月中旬 |

| 男装 | 预测季节 | |
| --- | --- | --- |
| 时装大事件活动安排 | 秋冬 | 春夏 |
| 意大利佛罗伦萨皮蒂Pitti Immagine Uomo | 一月中旬 | 六月下旬 |
| 意大利米兰米兰莫达男装展 | 一月中旬 | 六月下旬 |
| 法国时装的巴黎：时尚男装 | 一月中旬 | 六月下旬 |
| 西班牙马德里梅赛德斯－奔驰时装周：男装， | 二月初 | 九月初 |
| 美国纽约梅赛德斯－奔驰时装周 | 二月中旬 | 九月中旬 |

| 专业市场 | |
| --- | --- |
| 童装：意大利佛罗伦萨Pitti Immagine Bimbo | 一月下旬和六月下旬 |
| 婚纱装：美国纽约婚纱时装周；西班牙巴塞罗那婚纱周 | 二月中旬和五月初 |
| 泳装：巴西里约热内卢时装周和圣保罗时装周 | 五月下旬和六月中旬 |
| 鞋：世博里瓦舒意大利加尔达湖GDS，德国杜塞尔多夫 | 六月，三月和九月 |
| 巴黎柏林道德时装秀 | 七月上旬和九月上旬 |

| 纱线和面料展览会 | |
| --- | --- |
| 意大利佛罗伦萨Pitti Immagine Filati | 一月下旬和七月初 |
| 意大利米兰Moda In | 二月初和九月初 |
| 法国巴黎“第一视觉”面料展 | 二月中旬和九月中旬 |
| 法国巴黎Expofil | 二月中旬和九月中旬 |
| 意大利米兰普拉托博览会 | 二月中旬和九月中旬 |
| 香港国际成衣及时装材料展（Interstoff Asia Essential） | 三月中旬和十月初 |
| 中国北京纱线博览会 | 三月下旬 |
| 中国上海纱线博览会 | 十月中旬 |

# 速写本任务 Sketchbook task

“园艺让我感觉最为放松。这是创造和把玩色彩的另一种形式。”

——奥斯卡·德·拉伦塔（Oscar de la Renta，1932-）

## 大自然是“行家”——捕获自己的季节性色彩

通常，制定出每季服装恰当的色彩板是取得预期设计效果的起点。色彩预测者们已经就下一季的流行色做出了预测，不过你也可以利用依赖于大自然的数字化捷径与方法来创建自己协调统一的色调。通过使用具有代表性的户外场景，你可以相信，自然的色彩能够相互融合并为你提供符合季节气氛的配色方案。从图像中为色彩取样之后，就可以将自己的选择作为定义样式进行存档，然后以其为方向性指导来支持任何未来的设计开发活动。

**1.**用Adobe Photoshop打开所选图像。可以利用自己拍摄的照片或者来自互联网上的图像。

**2.**现在打开色彩选区工具（窗口>色彩选择）并且删除所有当前色彩。这需要一次去除一种色彩，但是有个快捷方式是按下电脑键盘的Option（mac）/Alt（Windows）键，同时将光标在色彩区间的左上角游动。通常光标会恢复成为一个剪刀图标，单击颜色样本就能将这种色彩删除。继续单击同一点以消除当前的所有色块。

**3.**返回到图像，使用过滤功能，将图像转换成一个放大的马赛克图案（滤镜>像素化>马赛克）。调整过滤器，将图像较长的一边调整为约25马赛克图像的长度。现在，你已经拥有季节性图像的像素表。选择一系列由一连串约6-8的色块组成的线条或矩形。通常会有多种极富有启发性的选择，有极为相近的色彩或者极富对比性色彩的不同组合。花点时间来决定哪一种组合最适合于你的设计方案。确保没有重复的色彩。对自己的选择感到满意之后，可以用描边工具将这些色彩提取出来便于识别（矩形选框工具>编辑>描边）。在下拉菜单中用约5个像素的宽度选择所选色彩的对比色。

**4.**你需要单独存储色彩作为新的样式，这样就可以轻松地访问自己的调色板。使用吸管工具依次选择预先选择的每一个马赛克色块，然后单击窗口下方的新建色板图标将色彩加载到新的样式中去。

**5.**存储所有色彩之后，单击色板窗口右上角的箭头以显示下拉菜单，选择“存储色板”将季节色彩保存到颜色色板文件夹（通常为默认情况）以供日后参考。在弹出的提示对话框里输入合适的色彩名称，然后单击“保存”。如果要恢复到原来默认的颜色板，单击同一箭头并选择“重置样本”。

**6.**要调取你自己的季节性色调板，只需打开色板窗口，单击在右上角的箭头，选择“替换色板”。

本页图

安斯代尔村教会社区花园

（摄影：卡罗尔·道伯，Carole Dawber，2012）

# 速写本任务 Sketchbook task

**“用时尚来描述它”——创造时尚字母表**

紧跟潮流是令人筋疲力尽（有时候代价高昂）的单调工作，会入侵你的个人日常生活，如设计师首秀、杂志和媒体报道，再到市场上不断充斥的大量仿冒品。随着今天制造业的不断发展，流行趋势从红毯走秀到高街市场的转化速度在不断加快，原来耗时数月的制作周期能够缩短成不过几周的时间。尽管这种快时尚反应能够通过其广泛撒网而迅速席卷整个市场，但这也可能是其昙花一现的原因，这种短时间内风靡一时的流行性最终会削弱其先前最初的吸引力。

以下是一个有趣的任务，通过利用某个时装季节的特色风格来创建图像式字母表，摆出“时装趋势”的单词。字母摆放的关键在于创造力和发明。务必记住，有时候少即是多。

**1.** 收集推广当下时装流行趋势关键元素的一些杂志。可以利用网络下载的图片，但手工拼贴让你拥有更佳的控制力。

**2.** 寻找一个基本的字母模版，在辨识图像形状和组装字母的时候有助于参考对照。大写字母和小写字母的组合能让你的潮流字母外观更加丰富多样。不要使用装饰性字体，它会有损于拼贴形状的效果。你会希望字母表具有很强的辨识度。

**3.** 开始仔细查看关于流行趋势的图像，从中抽取可以用作单个字母的时尚造型。应同时考虑大写字母和小写字母。将杂志翻转一下可能会获得不同的创意。记住，大多数字母可以被分解成简单的横向、斜向和垂直的线条——这样你可以通过形状组合来创建全新的字母表。

**4.** 摆弄各种形状，通过从A到Z的时尚字母表概述一年的趋势，并将最终结果添加到时装速写本中。如果希望最终字母表的字体大小统一，则将字母扫描，并利用计算机软件调整它们的尺寸。

**右图**

取决于你衣柜里的服装，另一种可行的方法是拍摄用真实服装组成的字母造型来定义你的字母表。

**右页图**

伊薇特·杨（Yvette Yang，2010）

2010春夏服装系列组成的字母表。

“时尚诞生于微小的事实、流行趋势乃至政治，而非试图制作小褶皱和花边、装饰品、易于仿制的服装或者将裙子加长或缩短。”

——艾尔莎·夏帕瑞丽（Elsa Schiaparelli）

Showcase 4

# 案例学习4

**名字：**丹·罗比纳（Dan Robenko）

**国籍：**以色列

**毕业院校：**以色列申卡尔设计与工程学院，艺术与设计专业

**2012毕业设计：**“监视”

速写本是非常重要的工具，不仅仅对于我个人而言，对于所有工作中的艺术家都是如此。我认为速写本的主要作用在于将想法进行视觉化的展示并有助于将设计过程条理化。

灵感会突然喷涌而出，其源头也无处不在：媒体、电影、书本、文化、艺术等。作为一名时装设计师，我总是尝试去密切地关注自己的身边以及世界上正在发生的事情。拥有某个基本想法的时候，我会尝试从不同的角度对其进行评判，并且不断地拓展自己的理念和个人观点。我以收集赋予自己灵感的图像和信息工作为起点，这有助于我为新设计系列制作情绪板。我的研究工作总是以互联网搜索引擎为起点，因为这是发现信息、新想法和灵感最快速和最可靠的方式。研究的第二阶段是走进图书馆，目的是为了了解历史事件和当今事件之间的联系。

对于我的“监视”系列，我打算利用自己所收集的图像来进行调查研究，以期寻找掩饰或隐藏身份的多种不同方式。目前的技术和互联网触及的广大范围意味着人们很容易受到“监控”，他们的隐私会受到剥夺。这些调查研究以及速写初稿将我指向从未考虑过的地方和想法。这个系列最初的灵感来自20世纪50年代非常流行的“秘密特工”。通过一番比较，我开始认识到如今的人们多么容易受到监控，也认识到监视他人多么容易。这让我想到能做点什么来隐藏自己真正的身份，这样我就可以无所畏惧、不受约束地表达个人观点。拓展男装系列廓型的时候，我也受到了欧文·佩恩（Irving Penn）摄制的20世纪50年代的工人照片系列的灵感启发。

着手绘制草图之前我先勾画一个设计的视觉故事，草图是创造最终设计系列之前的最后一个阶段。我喜欢在单页的如A3大小的大开纸张上工作，因为我喜欢“感受”大开纸张所赋予的自由。我也可以将面料小样黏贴上去，更好地解释自己的设计细节和详情。然后，我把这些单张纸张黏贴在一起制成速写本。我所进行的调研以及我所发现的图像有助于确定正确结构，创建色彩板并为服装绘制工艺图。

我的速写本非常宝贵，帮助我记录从最初的调研到最终实现设计作品的整个设计过程。

polyvore

1950
Chimney
Sweep
Butcher
1950
Lorry Washer
London
1950
Working Trades
1950
Telegraph
messenger, Paris
1950
House Painter
London
1950
FROMAGES
Seller
Paris
1950

# 第五章

## 设计开发：开启你的创意“阀门”

## Design development: switching on your creativity

“我的工作关乎创意。如果必须用寥寥数语来确定我的个人哲学理念，那么这将关乎探索、旅途和故事叙述，是所有这些与意见和建议在同一时间的结合。这是对特定领域的探索，并提出了观察某种东西的全新方式。我是一个很有创意的人，我的团队帮助我来实现这些创意。我并不是单打独斗。如果你试图创造一个理念，你不可能总有办法让第一次实践就取得成功——你需要不断地努力制作原型，然后再令其成为现实。”

——侯赛因·卡拉扬

任何设计任务开始之际，所有设计师总是面对着令人气馁的一张空白的画布、纸张或空白的屏幕。从零开始的潜力是无限的，但着手开始工作常会令人望而生畏。这就是为何速写本对设计过程如此有用。它的工作原理就如同一根可视化的拐杖，它一直支撑着你从最初的调研工作到最终完工的整个过程。它不仅囊括了你的调研信息和参考素材，也跟踪记录了在整个设计开发过程中你个人的进步。这个方法的运用就像一个共鸣板，用以测试创意并根据你的概念和设计目的检查其活力。

使用已经在速写本中校验核对过的信息之后，现在开始一个战略步骤，帮助你实现自己的时装设计。根据速写本中所收集的信息，你应该已经了解自己所青睐的设计系列的外观和风格。你将对自己的客户和市场拥有更为清晰的认识。正是在此阶段，你的时装设计将开始指向原型，并出现服装的雏形。

对于大多数设计师而言，完成设计开发的过程与最终的结果一样意义重大。从概念阶段到最终概念的实现（通过结构），这个创意拓展过程充满挑战，与初始的调研工作一样艰难费力。它要求精于探究的头脑、与之匹配的技术技能以及创造性的想象力。这通常是非常耗费时间的活动，因为想法需要足够的时间来演化和发展。当这个过程开始发展之际，还需要连续的分析和评估，以确保设计不会偏离初始的概念。

您的速写本将成为所有冒险和实验的大本营。你可以返回到这里，评估反思进展情况，并为下一个阶段的工作做进一步的准备。

保持想法的灵活性也十分重要。随着设计过程的不断深入发展，你的理念可能会根据实际情况发生改变或者得到调整。至关重要的是，你不但要全心全意地相信自己的想法，同时对于实现自己的想法和目标拥有切合实际的认识。

会有很多因素开始渗入到设计过程之中，刚刚开始设计的时候，那不过是头脑里出现的某个想法，看上去并不重要。一旦当你开始实施设计工作，就如何实现头脑里的想法，你需要回答无数个问题，回答问题的方式必须足以支持你最初的概念。

设计开发阶段是研究工作向实际服装的转化过程。它就像是在设计概念和现实之间的一座桥梁。你需要来组合早期调研中的关键因素——颜色、廓型、比例、形式和质感，并根据自己的理解，以第一手调研和二手调研为基础来实现服装设计的想法并赋予设计作品以情境。

设计概念的扩展通常贯穿于一系列相关服装的设计过程，每件服装都有各自的风貌，但如果将这些单独的服装作为整体系列来看待会产生更强的冲击力。

左页上图
凯特·沃森
（Kate Watson，2010）

左页下图
格维利姆·兰斯力
（Gwilym Lansley，2011）

上图
杰玛·芬宁（Gemma Fanning，2012）

下图
保罗·金（Paul Kim，2012）
设计开发关乎表达你所有的设计想法，然后通过针对设计理念的分析研究，从自己的研究工作和实验工作中获得到最大的收获。

公司的规模及其产品范围不同，其服装系列亦各不相同。产品规划需要进行深入的考量，即当服装系列被划分为单件服装时，设计师如何在服装系列中分布季节风格呢？典型的走秀设计系列可能拥有30～40套服装，平均来说约三套服装表达同一种风格。这就是意味着每个季节需要按期分别设计、制板、制作的服装多达120件。然而，一个设计系列很少是由完全独立的款式组成。相关联的理念将整个系列的风貌连成一体，与之相对应，设计者会采用一个策略，在不同的款式或者服装理念中重复使用特定风格造型和特点，以此将保持整个设计系列的可控制的平衡性。特定风格的线条或者纷繁复杂的图案细节将在整个系列中多次出现，这样能达到双重目的，不仅将整个系列的整体风格融为一体，也减少了将每个新设计都重新构思的必要性。

在大量服装中维持同一个设计想法是所有服装系列的检验点。设计师对于设计主题的满腔热情是意料之中的事情，不过，如果因为调查研究不足，无法随着设计的拓展继续满足设计概念的要求，那么最终的设计作品也会差强人意。速写本是这个过程中非常有用的辅助工具，除了推进未来的设计开发，它还可以告诉我们应该如何进行下一步的调研的支撑设计理念。

经验丰富的设计师可以通过速写本检验单个设计理念，也可以将一系列图像组合在一起，形成全新的设计可能性。在整个设计开发过程中，必须经常性地使用速写本来保持其新鲜度和趣味性。在设计开发工作继续进行的过程中，更新现存的参考资料和向其添加额外的信息不仅有助于保存记录自己的工作进展，而且有助于激发新的想法。

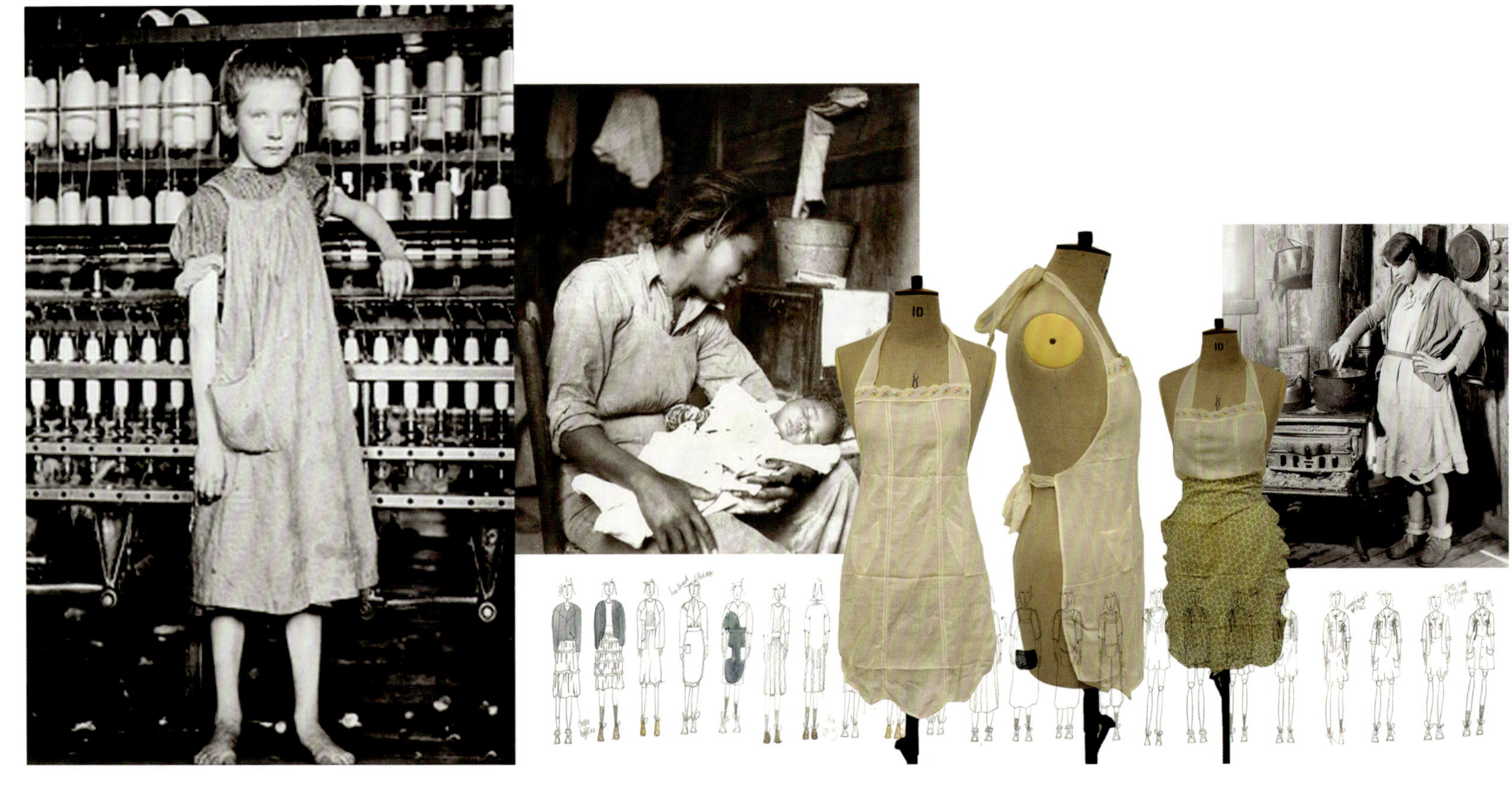

在设计开发过程中，速写本页面的设计和组织排列对任何独立设计师而言都是很个性化的考虑。你可能会认为速写本必须按预先安排的顺序进行排列，必须展示开头、发展和叙述性结尾并记录整个发展过程。在每一页中有条理地安排信息，使用严密组织的重复信息来表达速写本中的连贯性非常重要。你可能觉得更加直白、更加自由的展示方法能更好地反应你收集想法的方式。但是最终，组织结构并非重要因素，最重要的是速写本的内容以及利用其加强设计开发的能力。

虽然设计开发阶段是结论性的设计活动，在用面料实现服装设计作品之前，需要将设计开发融入时装速写本中，但这毫无疑问是整个设计过程中最为重要的部分。它代表了至今所有设计实践的总和，并显示你对计划中设计组合的主要元素所进行的调查。设计开发解释你的思考方式以及行动方式。作为个人能力的私人文件证明，每个设计师以不同的方式重视速写本中的内容。向潜在的客户解释自己的工作时，速写本也成为必不可少的工具。

无论最终用途如何，速写本的设计开发过程中应包括以下六个要素：

· 个性；
· 综合体；
· 核心概念；
· 原型；

· 面料材质；
· 排列组合。

**下图**

凯莉 · 亚历山大（Kerrie Alexander，2012）

速写本赋予你唯一的机会去展示自己作为设计师的才华，让你得以呈现个人设计开发过程。

**上图**

菲利帕 · 詹金斯（Philippa Jenkins，2010）

**右页图**

杰思卡 · 拉克姆（Jessica Larcombe，2012）

# 个性和身份 Personality and identity

你已经了解了在调研中收集重点内容以及在更广泛的情境中评价你所有创意的重要性。现在，你的速写本应该已经充满着丰富的图像和信息，它们都希望摆脱束缚、脱颖而出。设计开发过程需要利用这些调研结果来确定设计概念。

> “每当有人问我关于时装有何建议的时候，我总是给出相同的答复：无论如何，追随自己的节奏和天性。你将得偿所愿。”
> ——安德烈·莱昂塔利（Andre Leon Talley，1949-）

你要尽可能地用创造性的新颖方式赋予这些参照点以价值。这是一个好机会，表达你作为设计师的个性以及你希望传达的信息。这种个性化的反应赋予了其独特的特点。同样，织物的悬垂性、袖口的形状或领口的装饰手法都会挑战你摒弃先入之见的能力以及在时装设计中寻找设计新思路的能力。

从根本上讲，是设计开发让你的想法从其他竞争对手的想法中脱颖而出。你对调查研究的结果进行与众不同地、个性化地诠释，这让你在对时装的解读中强调自己的意图并标明你对时装进行解读的信念。设计演变的进程应该有深度，应超越普通寻常和显而易见的东西。通过在设计作品中确立自己手写式的特征，你就可以远离平时随意获得的东西来重新定位自己的设计作品，从而达到更理想和更新颖的创意层面。

在设计系列的概念中，你作为设计师的个人身份应该很容易辨认。当代设计师确立品牌是因为其设计风格的独特性。如同安迪·沃霍尔的绘画作品或者约翰·威廉斯（1932-）执导的影片一样，阿玛尼、三宅一生和麦昆拥有易于识别的时尚身份。对任何新晋设计师来说，确立个人的身份特征是最最重要的事情，是它让设计师在当下这个竞争激烈的市场中脱颖而出。

**下图**

阿莱纳·凯伊（Alanna Kaye，2012）

是你的个性驱使你的理念和想法来界定你的设计概念，所以必须经过深层次的挖掘方可接受头脑中的想法，这一点至关重要。记住，一旦你“确定了色彩的位置”，你将不得不忍受这个决定带来的后果。不要轻率地采用在速写本中一眼就看到的图像的理念。永远不要接受显而易见的内容，不要按照字面意义去理解参考内容。很有可能，这些内容的设计潜力在很久以前就已经被抽干殆尽。也要避免过于热切地接受当下太过明显的潮流趋势，如受到一部新电影或者当前媒体报道的大事件激发的趋势。如果这样做的话，极有可能的情况是，在你的设计尚未登上T台之时，此类产品的市场就已经饱和了。

一旦已经决定采用某个合适的概念，你必须学会在速写本的所有页面中像音乐主旋律般重复你的主题。始终让主题处于发挥作用的状态，这将有助于强化设计师的风格并强调其个性特征。

**右图**

亚历山大·罗曼尼维茨（Alexander Romaniewicz，2012）

**最右图**

利兹·瑞德（Linzi Reid，2012）

“自体荧光解剖“

在研究的表面之下进行挖掘，有助于发现出其不寻常的更具有个性化的方法，以此确立你设计作品的个人特征。

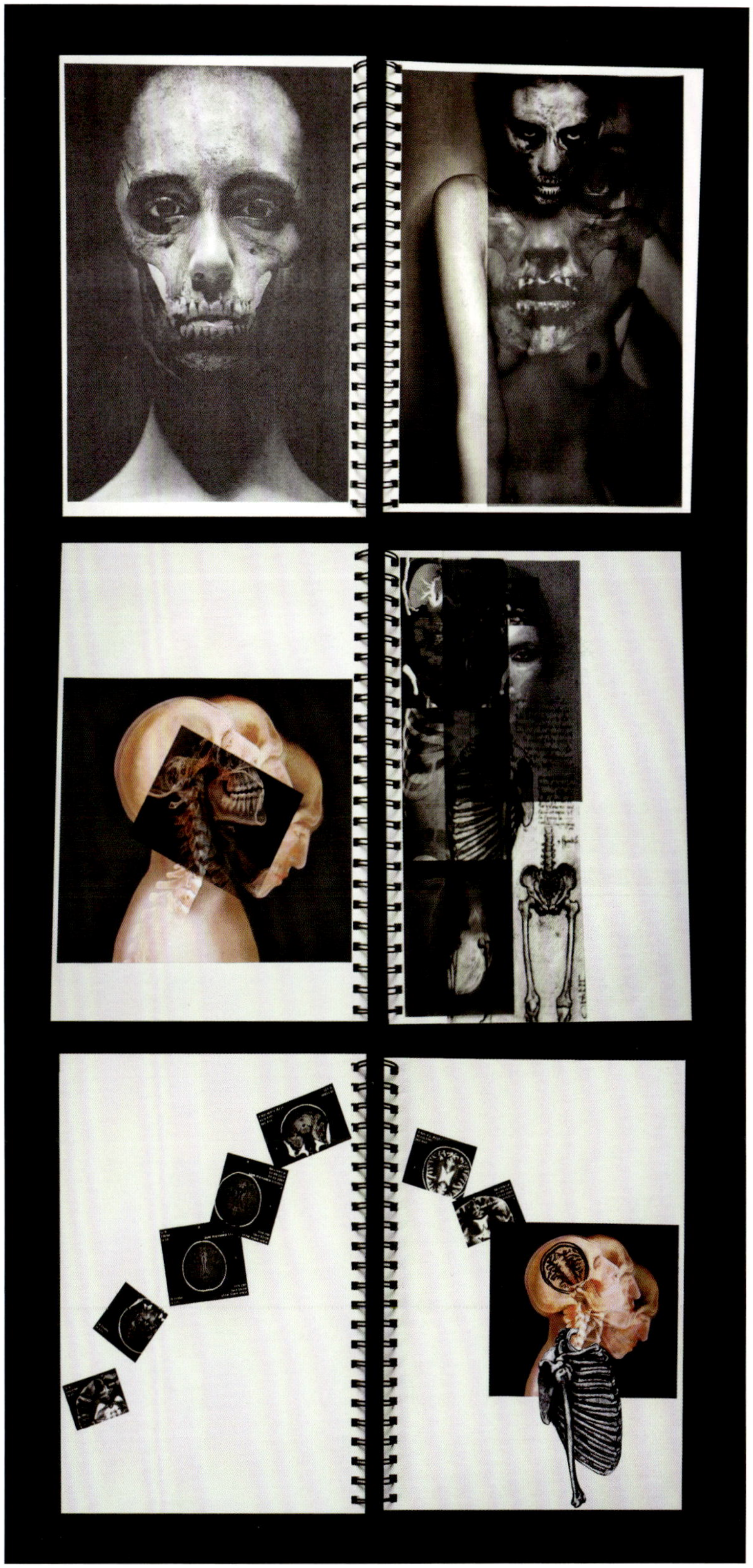

# 综合体 Hybrids

设计理念已经到位，此时，你会渴望利用所收集的研究资料提炼设计理念。遵循“星星之火，可以燎原”的真理，你必须沿着形成新理念新想法的渐进过程，在速写本上多次重复测试设计理念，直到自己对结果满意为止，而这最终会形成你的新设计系列。

“灵感并非复制品，
而是一个起点，
它将我们带到崭新之所。”
——卡尔·拉格菲尔德（Karl Lagerfeld）

这是评估和进行美学判断的一个非常重要的过程。在调研工作中，你已经积累了大量有趣的图像研究材料。在此阶段，你要重新安排各个部分的位置，以不同的强调重点和它们之间引人入胜的关系将其放在一起，对所有的发现进行编辑和提炼。

例如，预先选择一个建筑理念并串连大量的图像和信息之后，你需要对其进行筛选，来突出其作为设计动因的独特特征以及其原创性的特质。你可以使用体量和尺寸或者特性及细节来作为灵感跳板，可能是建筑材料本身的肌理特征或者其组合方式。无论吸引你的特性是什么，它们需要用时尚的语言进行表达：教堂扶壁引人注目的延伸方式可能暗示新的肩线或者廓型；摩天大楼窗户的格局能让人联想到人体的分割；门框的细节会让人想到类似的特征或者鞋子和帽子的装饰。在设计开发的研究工作中存在着不胜枚举的可能性，完全依靠作为时装设计师的你通过反复实验的方式来提炼和利用其潜力。

**左图**

尼克·马洛伊（Nick Maloy，2010）

围绕一个共有形状调整设计理念是开发不同款式的便捷手段，它们可以彼此检验，以获得最佳的设计方案。

**右页上图**

路易斯·班尼特（Louise Bennetts，2012）

**右页下图**

罗莎·恩格（Rosa Ng，2011）

通过手绘的方式勾画出不同的款式变化，是快速获得有趣组合的方法，并且远离你最初的想法。对你的想法进行批注是表达你设计缘由的有效方法。

绘制服装平面款式图是拓展理念的最佳方式。平面图应始终简洁明快，以帮助你实现服装结构和设计细节的具体内容。如果平面图表现性太强，设计重点很容易迷失于艺术表达中。通常，简略的方式表现人体轮廓或者不表现轮廓都可行——平面图的语言有关服装本身而非风格或者形象。风格和形象是以后的工作内容。

最好是按照真实的而非时装画中的人体比例绘制平面图，这样你的设计意图就不会因为放大的人体比例而受到影响。因为你需要从一个想法快速转换到另一个想法，使用人体缩略图常常更加方便。这是一个线条型的人体轮廓，可以放在拷贝纸或者布局垫下方，这样你就拥有了一个模板，能够快速开始处理设计想法，而不必担心每次都要重新绘制人体轮廓。当你对类似款式进行比较时，人体姿态的重复也有助于你反思最佳的设计方案。款式与结构线，包括装饰线迹的细节应在平面图中予以表明，以增添设计的完整性。所有这些细节将最终演变成你服装的设计图，最好保持其图表型性质以便说明服装的工艺和结构。为达到快速设计的目的，手绘的方法非常适合。不过为了达到行业标准，通常需要使用类似Adobe Illustrator, Freehand或者CorelDRAW等软件绘制平面图和工艺图。

充分利用平面图，从多种不同的角度，通过多次重复的款式线和设计信息来表达隐藏的设计细节。出色的设计师应能够从单一的灵感源泉中受到启发，获得许多新颖的想法：可能是简单地调整下摆或袖子的长度来表现服装比例的变化；也可能是降低或提高领口来挑战传统惯例，或者在整体廓型中添加线迹或者省道线来吸引目光关注人体的特定部位。

永远不要在第一次尝试后就放弃，要学会在速写本中表现大量的款式风格。对设计想法感到满意后，就可以开始预选，选择会在最终的设计中加以利用的极佳想法。

在平面图中对自己的想法进行立体思考非常重要。虽然你的画稿不可避免地拥有人体轮廓的边缘线，但在现实中并不存在这样的边界。不要想当然地认为你的设计会自动包含一个边缝，或者前中心线或后背开口。即使正在绘制二维图，你也需要意识到自己实际上是在设计塑造一个三维立体形状。

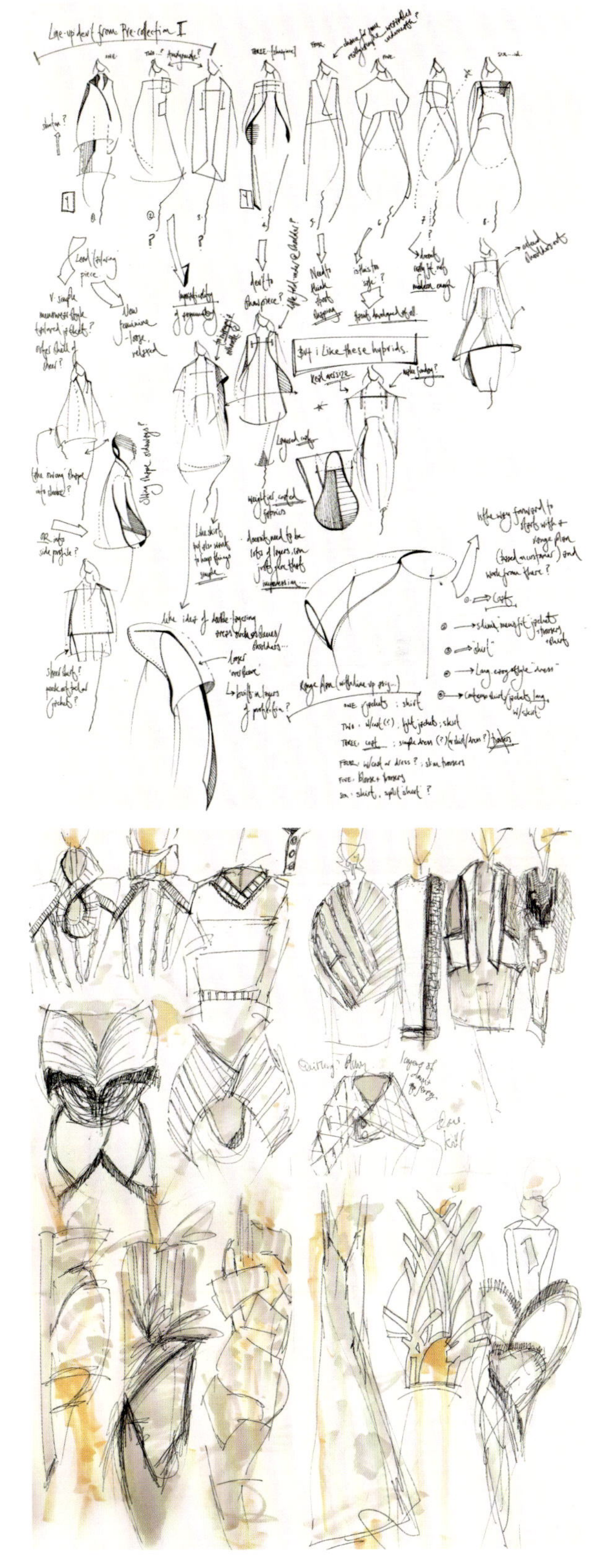

# 核心款式　Core items

“这是一个时尚新时代——没有规则。”

——亚历山大·麦昆

你对时装大事件日程表和调研性质的商场报告的了解，为你设计方向的确定开启了第一步。在开始规划你的最终设计系列构成款式之前，重要的是确定设计季节以及目标客户。确定了市场指导原则之后，现在可以将在调研中不同的设计试验串联起来，围绕概念主题形成服装。将设计扩展成一个类型或者系列的时候，设计师的个人理念应始终保持纯正和集中，而不仅仅是对其进行粗浅地增强或者削弱。

sailor fuku
Black sailor
concept
The symbol of youth
puberty
Growth

首先，你需要确定核心款式，它们将决定你的目标设计范畴。为避免单调，系列中的款式必须多元化，同时要求有统一感，在统一的设计概念中寻求变化。显然，根据你所选择的市场不同，系列中款式的组成会发生变化。例如，对品牌男装系列的考虑会有别于实惠的青少年服装。区别不仅在于服装的特定组合搭配上，也在于其作为服装衣橱一部分的功能上。

在整个设计系列中如何实现统一感，将取决于你诠释调研工作的方式以及你构想服装风貌的方式。大多数设计系列由多个单件服装组成，不论是白天穿着的服装，还是晚礼服系列，确立整体形象的混搭方法是一致的。相对于晚礼服而言，白天穿着的服装通常包含更多的单品，但不论是哪个类型的服装，为了获得整体风格上的成功、平衡和组成方面的考虑因素同样是关键所在。专业服装领域如运动服装，既要考虑美观也要考虑功能，而且要特别关注科学技术上最新的进步，跟上当前智能设计的最新发展。

一个设计系列中的服装数量从至少30件到超过100件不等。新锐设计师或学生通常会关注设计作品的影响力和创意，而非引人注目的数量。时装设计专业学生的设计系列一般是由6套走秀服装组成。

通常，为服装系列确定一个关键的标志性风貌十分有用，它是一个最佳的形象，似乎能够总结服装系列在样式、色彩、面料和剪裁等方面的全部内容。它应该能够紧紧抓住媒体和买手的注意力，并满怀自信地登上评论头条。

很容易回想起时尚界上层人士标志性的风貌，如时尚评论家苏西·门克斯（Suzy Menkes，1943-）的建筑风格发型以及卡尔·拉格菲尔德的马尾辫和扇子。你需要一样东西，它贯穿于从设计到零售的过程，并赋予设计作品一种引人注目的新颖特征。

**左页图**

卡特苏艾·弗奈奇（Katsura Funaki，2012）

设计系列中的核心款式应该是你设计概念的总结，以视觉冲击力恰如其分的图像进行表达，凸显出设计的原创性。

**上图**

费伊·欧肯弗（Faye Oakenful，2012）

**右图**

亚历山大·罗曼尼维茨（Alexander Romaniewicz，2012）

# 原型 Prototypes

速写本上设计开发的大部分内容，起初都由手绘草稿组成，都是在进行线条和造型的变化。同样重要的是将速写绘制的想法、理念与3D原型和试样匹配起来。通过不断地在2D和3D之间进行转换，你才可以实际地对平面图进行测试，这个活动还能激发新的设计想法，如果仅仅只是用线条在纸面上绘制出来，你也许不会注意到这些新想法。这种2D和3D之间灵活的转换是设计开发中非常重要的组成部分，与设计理念并置的时候，它能确保你从调研工作中取得最大的收获。

“想象力比知识更重要。”
——爱因斯坦（Albert Einstein，1879–1955）

把面料放在人台上塑造服装造型，是将2D转化成3D的全世界通用方法。这个过程通常被称之为原型制作。虽然在此实验阶段，使用白坯布或者平纹细布取代最终选择的面料，但制作原型应使用与最终选择的面料具有相似品质的织物，这样做非常重要。例如，硬挺的帆布就不能取代弹性面料或者针织面料的特性；同样地，如果你打算使用皮料，那么坯布就无法表现该材质的特点。

虽然制作原型时结构是一个很重要的考虑因素，但色彩选择的参照作用并非必要。使用未染色的织物能更容易地标记结构线条，也能够十分清楚地识别不足或者缺陷之处。时装设计师的工作方式如同雕塑家，直接在人体模型上进行设计裁剪，通常不理会传统纸样的辅助功能。靠着一大堆珠针和一把大剪刀，熟练的设计师把一块坯布覆盖在人体模型上就可以制造魔法般的效果。

以直接的塑型和裁剪工作开始，可以对预选的设计草图进行修正，通过简单的折叠、打褶或缩褶来实现自己的设计理念。在调研中探索某种基本造型的做法值得尝试，可以将其用到人台上来查看其在人体轮廓身上所产生的效果。有的效果绘制在纸张上可能不错，但它成为服装实体并考验你作为创意设计师的想象力时，必须进行其他方面的考虑。

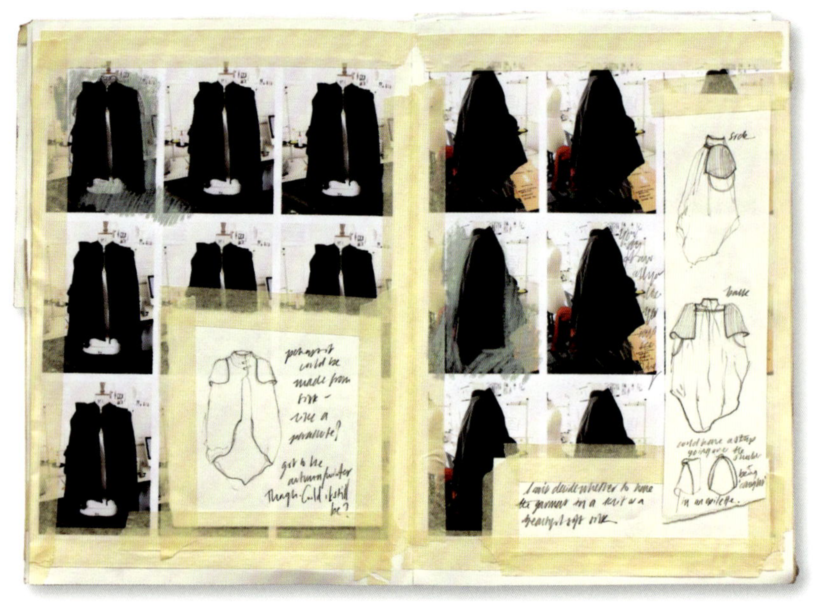

你必须对面料不断进行实验评估并从自己的发现中对设计开发草图进行补充。这是一个持续的个人交流与协商的双向过程。特别要注意小的细节，当你在纸张上以缩小比例就设计理念进行工作时，这些小的细节会不可避免地丢失。但将速写的想法转化成立体服装原型之后，你就会领会到注意细节的重要性，在人台上工作也促使你去探索无法用2D线条捕捉的不同的工作途径。

尽管在人台上制作服装原型的一半更适合剪裁讲究的、结构更强的服装，但由于人体的对称性，习惯上我们通常都采取这种方法。在坯布原型上标记裁片以确保成品服装左右两边对称的时候，这个过程成为有用的速记法。若要了解服装整体外观的效果，常常有必要制作可以进行360度旋转的服装原型。

最为重要的是，你要记录自己的试验过程来辅助设计开发过程中的种种考虑。许多操作都是即兴发挥，多用一个别针或者多打一个褶就会彻底改变外观效果。在此阶段，手绘常常被照相机记录的3D影像所取代。摄影是理想的手段，因为它能够即时拍摄现实的设计效果，也不会因为打断思考过程而延缓在人台上的工作。摄影也可以让你得以快速地从不同的角度记录服装或者记录某个特定细节的放大效果。在个人理念的设计开发过程中，原型的摄影照片和速写本中的设计平面图的综合使用，能够充分表现你的周到和考虑的全面性。

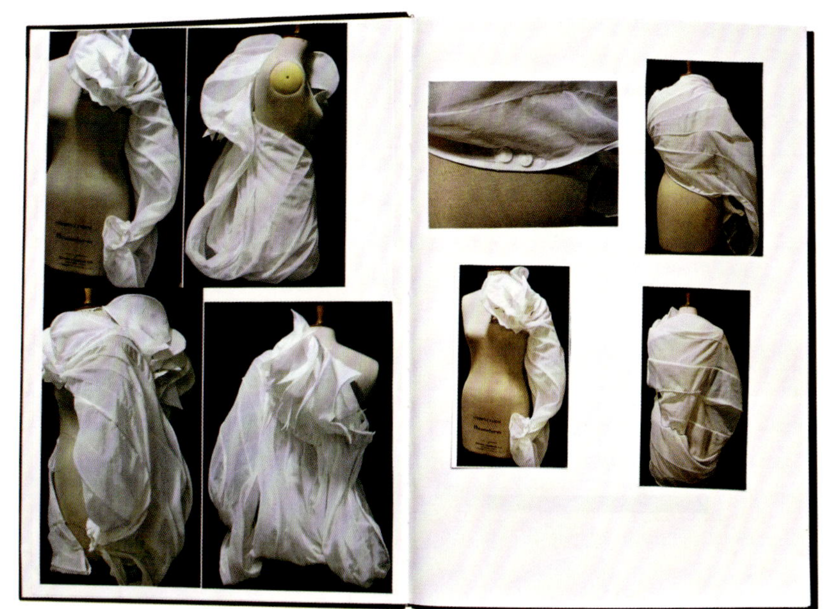

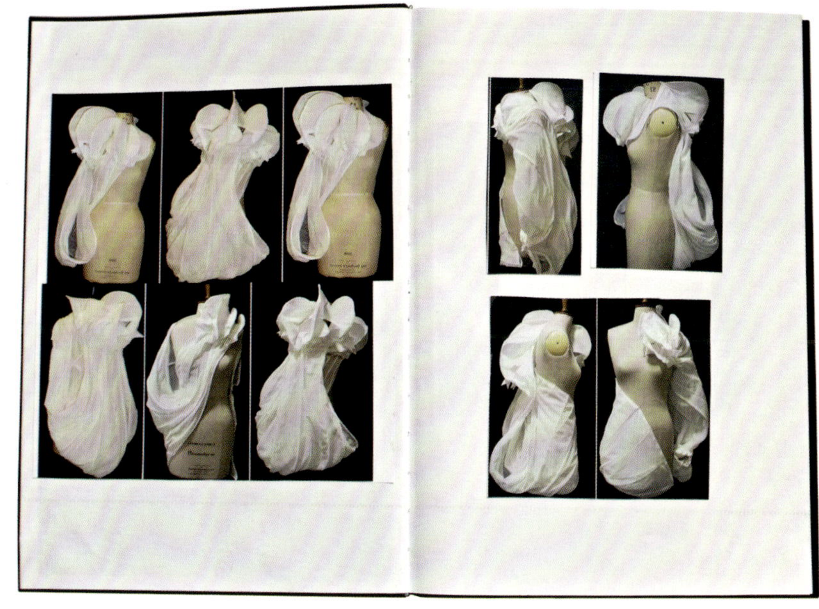

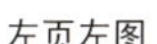

**左页左图**

哈佛·埃文斯（Haf Evans， 2012）

**左页右图**

艾玛·哈德斯塔夫（Emma Hardstaff， 2012）

**上图和下图**

阿伦娜·约翰逊（Alena Johnson， 2011）

速写本能让你在2D和3D的实验中进行转换，在整个设计开发过程中应持续地记录和分析这些实验。

# 面料材质 Fabrication

对于时装设计师而言，面料就如同雕塑家的大理石或者画家的颜料。它是所有设计师实现设计目标的媒介。

“服装创造了一种我们大家都能理解的无声交流方式。”
——凯瑟琳·哈姆尼特（Katharine Hamnett）

在设计开发阶段，时装设计师的艺术表现力和判断力不断地受到考验，正确的媒介是支撑整个设计过程的主导因素。因此，制作过程是设计开发过程的关键所在，也是努力获得与他们最初的设计理念相符合的实际外观的基本因素。

虽然面料也关乎风貌中的肌理和色彩，但其最主要的功能在于通过其独特的制作方式、手感和性能来表现服装的造型和立体感。

选择面料的时候要避免过于主观。让人一见倾心的某些织物也许会产生“哇，太美了”的效果，但是你必须问问自己，这样的面料是否具有表现设计效果的特点。它是否含有合适的纤维成分，是否方便制作？它的垂坠效果是否良好？它太重，还是太不结实？它的功能特点是否有利于你的设计意图？

对不同面料性能的深入理解是从设计和面料本身获取最佳效果的关键。要是尝试用具有自然垂坠效果的面料制作有雕塑感的造型，这样会需要更多下层结构的支撑，最终服装看起来会显得矫揉造作、极不自然。同样地，使用人造皮革来展示复杂的结构和多缝份的细节也会让最终结果失败，因为造型线条本身的微妙感会在面料细密的肌理中全然丧失。

**左图**
菲利帕·詹金斯
（Philippa Jenkins，2010）
面料材质不仅仅是服装造型和悬垂感的关键要素，它也将色彩和肌理融入服装设计之中。

在速写本上绘制平面图和在人台上进行服装制作的实验，两者之间进行转换能让你整合这两项活动，不会陷入忽略面料特性和潜能去创造设计想法的陷阱。同样地，一块特别的布料需要眼光和细致的处理才能充分利用其内在特质，只有能够最终转换成真正服装的平面图才充分发挥了其作为设计设想的功能，而这需要服装制作的知识和技术。在针织服装设计中，设计和面料结构之间已经紧密相连，因为成型的面料逐渐演变成有具体造型感的设计时，两者共同发展演变。

季节和市场分布也会影响你对面料的选择。通常，秋冬服装比春夏服装的面料更加厚重，同时还需要考虑面料的特性和外观效果。不够御寒保暖的外衣显然并非十分适合大众服装市场。然而，不要害怕通过改变专业面料的最终用途来挑战其本源。在服装中利用家居装饰的布料，或者不要考虑布料本来的用途，仅因为其美学特性而选择使用特种性能的面料或者工业用织物，这样做也不一定是一场必输的赌博。在面料应用的传统方法中进行变化，一定会让你的设计吸引关注的目光。

对面料的天然特质进行实验来寻找最有意义的外观效果也许会适合你的设计理念。对面料进行做旧处理或者在面料表面印花都很方便，DIY的方法对面料进行个性化地成功处理能够支持你所追求的外观效果。服装设计师在挑选面料时都必须考虑所选择的面料是否适合最终的设计目的，不论是穿着使用上的还是美学上悦目怡人的目的。

同样重要并且要牢记于心的是，获得足够所需面料以及最终的预算成本这些实际问题。对面料供应的任何限制都会不利于设计的整体外观效果：通常不建议采取保守的做法仅限使用一家面料供应商的面料，除非你最终的目标市场仅主导一种主要的面料，如牛仔面料。通常你的服装设计很可能依赖于多个面料供应商。面料不仅出自不同的生产厂家，而且还可能源自不同的国家。当你需要的时候，确保面料都已经准备就绪随时备用，这对极为成熟老练的设计师来说仍然是个后勤供应的问题。

另外，面料材质也为设计系列增添了色彩和肌理的元素。与设计概念和廓型一起，这些特质贯穿于整个设计过程并有助于设计整体外观效果的凝聚力。选择服装的材质时不考虑其表面的色彩是完全不现实的。同样地，在你的设计中，色彩是通过面料材质得以实现的。请记住，面料的密度或者肌理会改变完全相同色彩的明度或者纯度。也要记住，孤立于面料选择来建立色调板，会让你因为得不到所选色彩而最终感觉失意挫败。

**右图**

乔治亚·史密斯（Georgia Smith，2012）

# 服装队列：决策时刻

# The line-up: decision time

确信设计系列所需的全部元素已经收集完毕之后，开始准备所有服装款式的效果图，以此结束你的设计开发阶段。这让你有机会去仔细审视自己的设计系列，去检查它是否满足了自己设计概念的要求。

“时尚的秘诀在于制造惊喜，永不令人失望。”

——爱德华·布尔沃-利顿

(Edward Bulwer-Lytton，1803–1873)

运用客观的判断并理性地思考自己的服装款式在时尚方面是否恰如其分？是否是对当代服装新颖、独一无二的表达？这样做非常重要。需要问问自己以下这些问题。比起其他人的设计，它是否与众不同？设计概念是否得到了自信无疑的表达并出色地贯穿于整个设计系列的服装之中？设计系列是否涵盖充分反映该系列的内容和细节？

在设计过程中，有时候你会一直纠结于某个设计或者某件服装，而且即便它显得多余冗赘之时，你依然舍不得放弃。万万不可让主观性影响自己的最终判断。有时，在服装系列款式中，效果最佳的是你不费吹灰之力得到的一个简单想法的效果，而不是在技术上非常复杂、非常耗费时间的复杂服装结构。在进行评估决定时，务必保持理性，不能让情感影响自己的理智。

**左图**

费伊·欧肯弗

（Faye Oakenfull，2012）

**右页图**

蒂芙尼·巴伦

（Tiffany Baron，2012）

最终的服装效果图需要极为认真的考虑，要将自己的设计理念与预期目标市场紧密融合在一起。

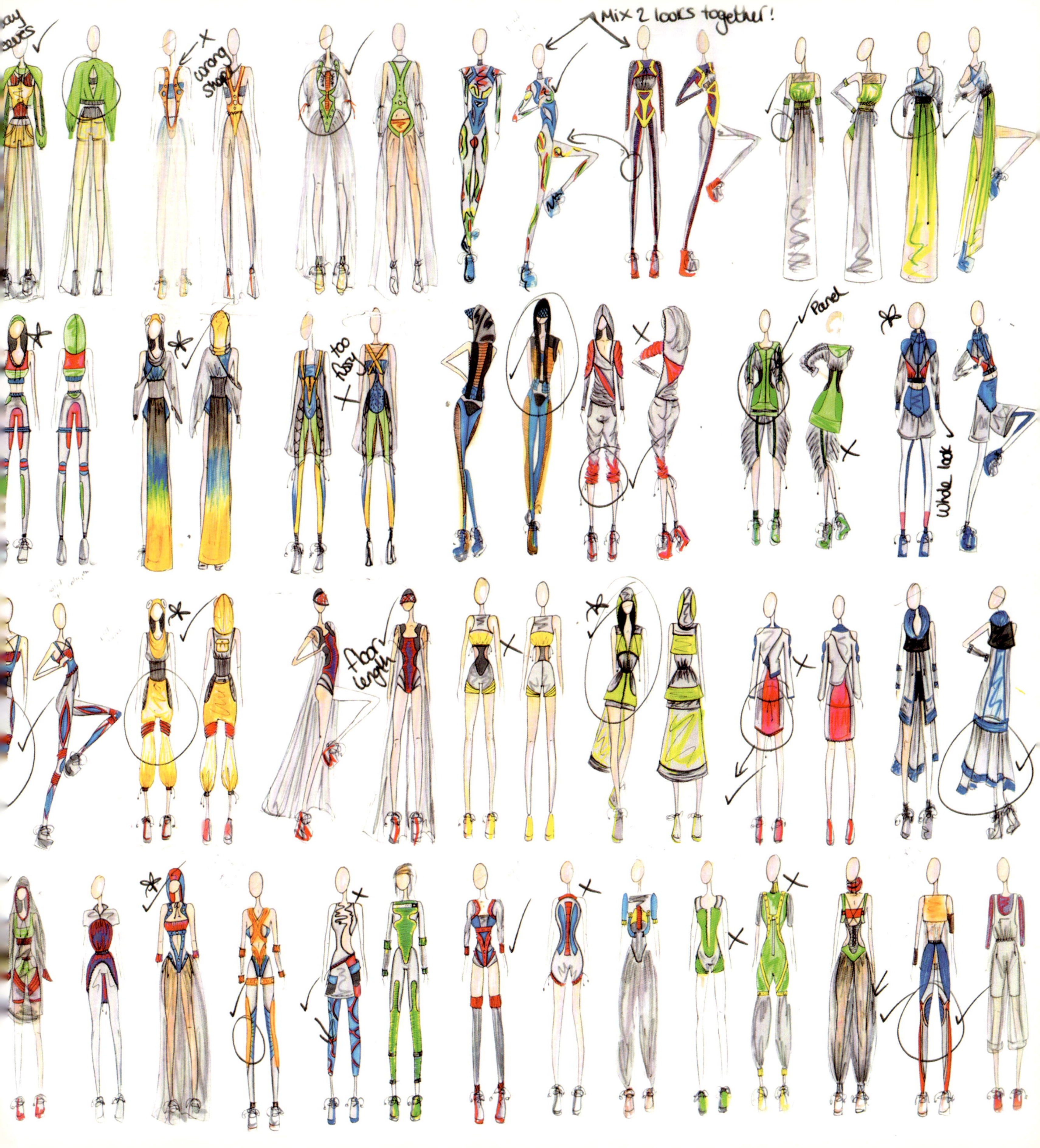
Mix 2 looks together!
wrong shape
too busy
Panel
Whole look
floor length

**左图**

杰西卡·拉坎布（Jessica Lar-combe，2012）

**左页上图**

泰丽莎·阿尔蒙特（Talisa Al-monte，2012）

**左页下图**

保罗·金（Paul Kim，2012）

**182页上图**

罗斯·威廉斯（Ross Williams，2011）

**182页下图**

凯特·帕特森（Cat Patterson，2012）

**183页图**

伊卡特琳娜·格拉西莫娃（Ekaterina Gerasimova，2012）

关键在于通过面料选择、色彩或造型使整个系列的款式形成整体、统一的风貌，在整体设计概念下实现各款式之间的多样性。

sangre
aqua
terra
ignis

**上图**

艾玛·哈得斯塔夫（Emma Hardstaff，2012）

如果你需要对你的设计进行进一步描述，你可以在服装系列款式中合适的地方继续添加服装平面图，通过添加更加详细说明的工艺图来充实你的设计。

在设计开发过程中绘制的大多数草图，通常都是快速绘制的想法，用于检验造型、款式和廓型是否合适。对色彩的检验必须先调配、再检验。面料需要通过黏贴实际的面料小样来确定。现在是时候把所有通过审核的设计放在一起，放在速写本的单页上，来预览所选择的最终想法作为统一系列的效果。

服装款式效果图代表了速写本中所有的调研和拓展工作，是设计理念的合成。它就如同服装系列中的视觉主人公。设计想法的提出和面料的集合都更加强调实际设计开发过程，而不是纸面上有关审美的考虑，应该以更加细致的方法审视速写本中最终的服装款式效果图。

使用表现力更强的方法来表达你的设计方案是吸引注意力的有益方法。也许，进行工作时，你希望以最初调研中所发现的特点为基础，或者选择一种更接近自己设计概念的风格为基础。通过利用更加鲜明的具有个人风格的表达方式，你可以强化服装系列款式效果图的个性与风格。

**下图**

亚历山大·兰姆（Alexander Lamb，2011）

# Showcase 5

# 案例学习5

**作者：**尤珊娜·普罗普（Jousianne Propp）

**国籍：**德国/美国

**毕业院校：**英国曼彻斯特艺术学院

**2012年毕业设计系列：**“技术之宗教”

我作品的想法通常源自抽象的东西。文学、科学、历史、一些新闻或新技术都可以赋予我灵感。往往是这些抽象事物背后的理念想法让我无比兴奋。我工作的第一步通常是尝试将它们转变成可视化的东西。思想和理念并非物理意义上存在的东西，而速写本是我能将它们转变成图像和造型的地方。

我通常在活页纸上工作，因为我喜欢可以移动它们的感觉，可以将不同页面的纸张并置排列来形成新的想法。在通过调研所收集的图像上方直接绘画或者在其上方重叠图片和肌理，可以使想法有机地产生。最终的结果是一个非常连贯的故事，包括绘画、照片、笔记、贴字条、面料和拼贴。我的毕业系列作品探讨科学与宗教之间的冲突，人类的努力和存在这两个方面让我一直着迷不已。受宗教图像和科学理解的启发产生了敬畏之情和崇敬之意，各种形状和图案都受到了这些情感的启发。利用3D打印技术的原理，我对人体进行数字“解剖”，并将其改造成全新的形状，将它们演变成富有生命力的移动大教堂。

这里的速写本页面展示了我如何将调研和观察性绘画直接转化成身上穿着的服装或者肌理的想法。我的速写本里大多是杂乱的草图以及笔记和小块面料，但是页面的布局和活力对我也十分重要，因为它们能够直接启发我在服装比例或者活力方面的灵感。

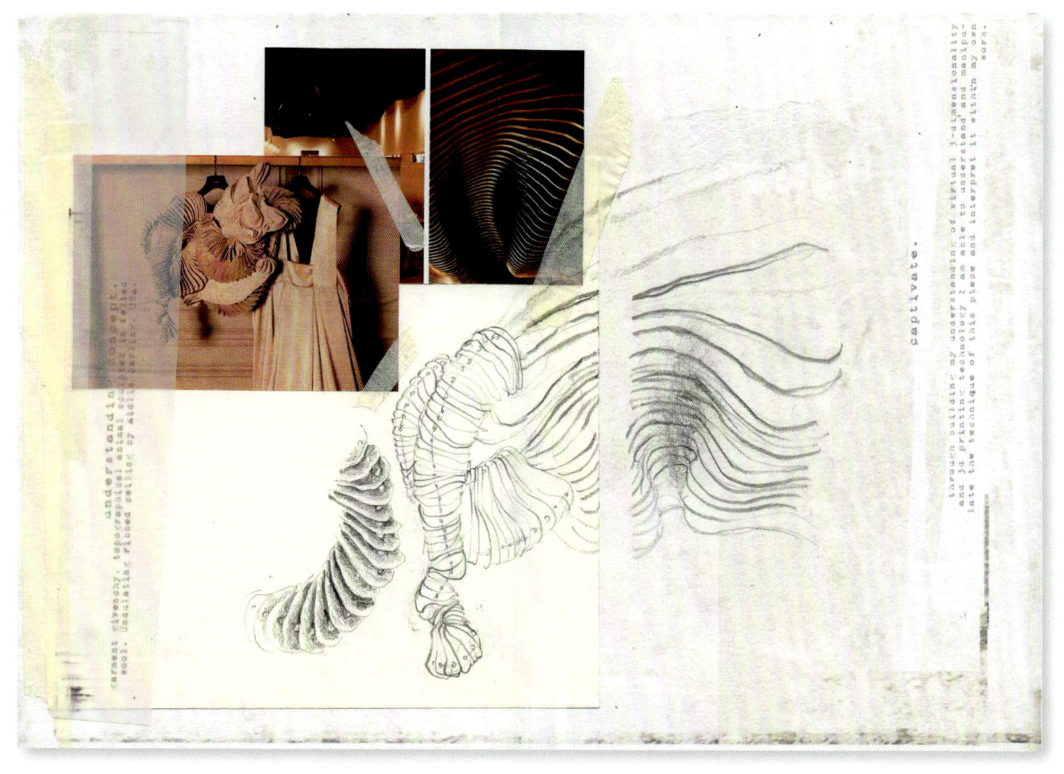

Christ Church, Oxford.

exporing shape through ridges.

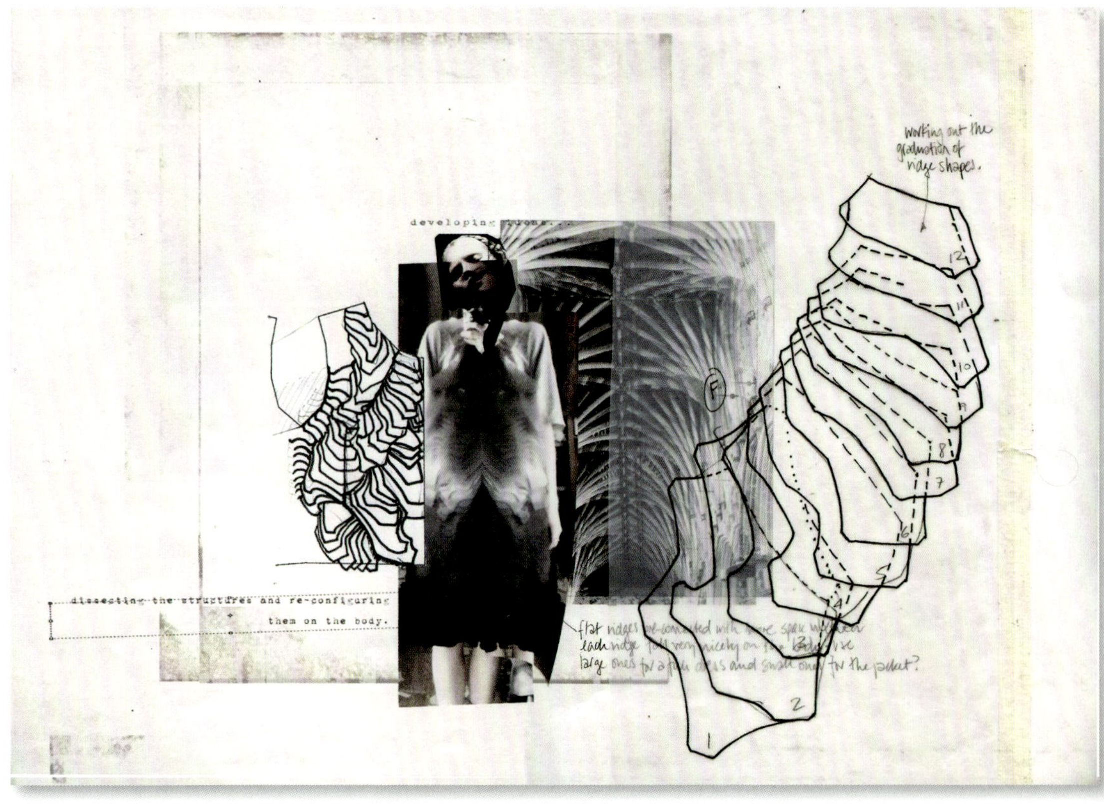
developing
dissecting the structures and re-configuring
them on the body.
working out the graduation of ridge shapes.

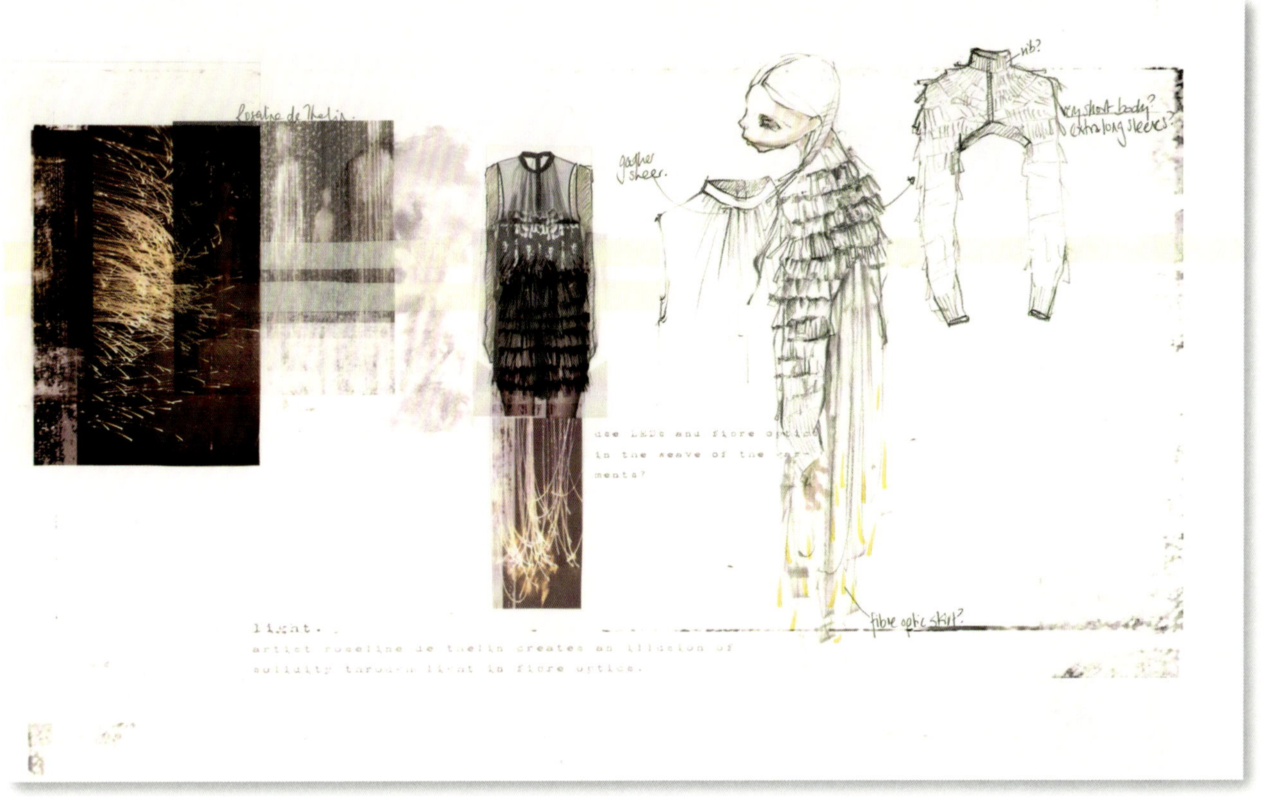
rib?
very short body? extra long sleeves?
use LEDs and fibre optics in the weave of the garments?
fibre optic skirt?
light.
artist roseline de thelin creates an illusion of solidity through light in fibre optics.

building complexity through simplicity.
the modular-based structure allows for endless transformation.

| 成功的设计开发十要点 |
| --- |
| 1.你有没有进行充分的调研、促进设计过程，并将最好的提炼出来呢? |
| 2.是否有足够深度的设计理念和你自己创造性的诠释? |
| 3.你是否确定了季节的需求、市场层次和目标客户? |
| 4.如何成功地将色彩、肌理和细节运用在你的服装中? |
| 5.你的设计是否体现出对社会需求的理解和符合当代价值? |
| 6.在你的设计中是否有令人信服的审美和视觉冲击力? |
| 7.做你的设计是否表达了一些新的时尚信息? |
| 8.你有没有考虑设计风险，是否妥协了? |
| 9.最终的设计系列款式是否展现了你作为一名时装设计师的个人优势? |
| 10.在创意方面，有没有实现你的目标？ |

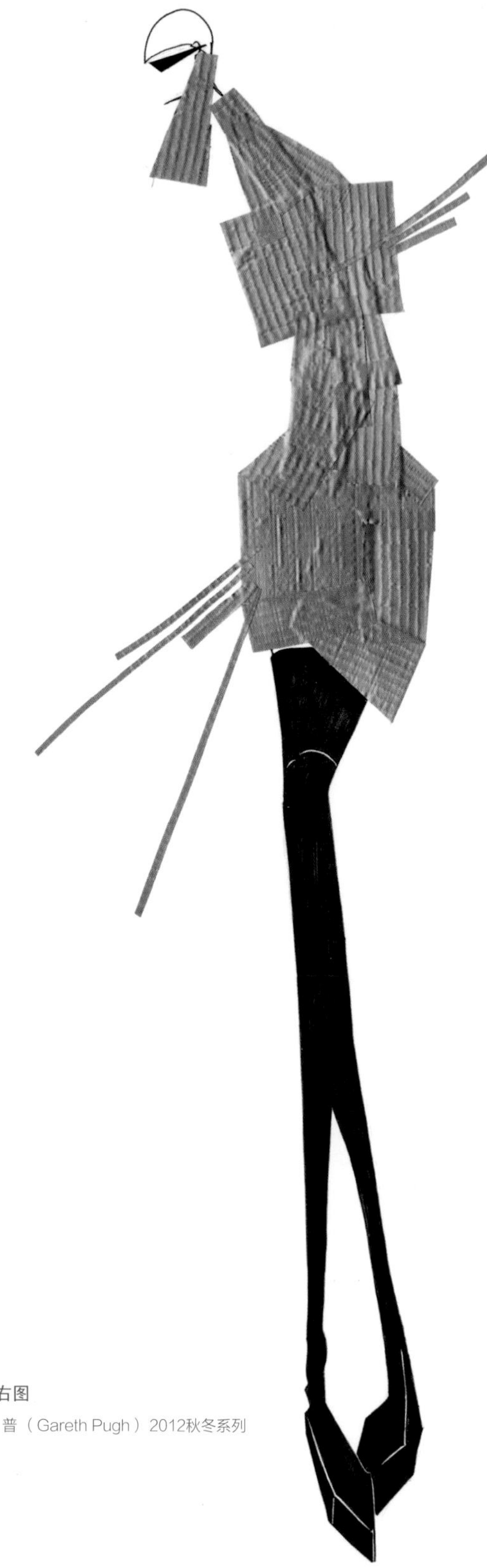

**左图和右图**

加勒斯·普（Gareth Pugh）2012秋冬系列